企业级卓越人才培养（信息类专业集群）解决方案"十三五"规划教材

软件工程

天津滨海迅腾科技集团有限公司　主编

南开大学出版社

天　津

图书在版编目(CIP)数据

软件工程 / 天津滨海迅腾科技集团有限公司主编 .
— 天津 : 南开大学出版社 , 2017.5 (2021.7 重印)
ISBN 978-7-310-05324-7

Ⅰ.①软…　Ⅱ.①天…　Ⅲ.①软件工程　Ⅳ.
①TP311.5

中国版本图书馆 CIP 数据核字(2017)第 012367 号

软件工程
RUANJIANGONGCHENG

南开大学出版社出版发行
出版人:陈　敬

地址:天津市南开区卫津路 94 号　　邮政编码:300071
营销部电话:(022)23508339　营销部传真:(022)23508542
http://www.nkup.com.cn

天津市蓟县宏图印务有限公司印刷　全国各地新华书店经销
2017 年 5 月第 1 版　　2021 年 7 月第 3 次印刷
260×185 毫米　16 开本　16.5 印张　408 千字
定价:45.00 元

如遇图书印装质量问题,请与本社营销部联系调换,电话:(022)23508339

企业级卓越人才培养（信息类专业集群）解决方案
"十三五"规划教材编写委员会

企业级卓越人才培养（信息类专业集群）解决方案简介

　　企业级卓越人才培养（信息类专业集群）解决方案（以下简称"解决方案"）是面向我国职业教育量身定制的应用型、技术技能型人才培养解决方案，以天津滨海迅腾科技集团技术研发为依托，联合国内职业教育领域相关行业、企业、职业院校共同研究与实践研发的科研成果。本解决方案坚持"创新产教融合协同育人，推进校企合作模式改革"的宗旨，消化吸收德国"双元制"应用型人才培养模式，深入践行"基于工作过程"的技术技能型人才培养，设立工程实践创新培养的企业化培养解决方案。在服务国家战略、京津冀教育协同发展、中国制造 2025（工业信息化）等领域培养不同层次及领域的信息化人才。为推进我国教育现代化发挥应有的作用。

　　该解决方案由"初、中、高级工程师"三个阶段构成，集技能型人才培养方案、专业教程、课程标准、数字资源包（标准课程包、企业项目包）、考评体系、认证体系、教学管理体系、就业管理体系等于一体。采用校企融合、产学融合、师资融合的模式在高校内共建互联网学院、软件学院、工程师培养基地的方式，开展"卓越工程师培养计划"，开设系列"卓越工程师班"，"将企业人才需求标准、企业工作流程、企业研发项目、企业考评体系、企业一线工程师、准职业人才培养体系、企业管理体系引进课堂"，充分发挥校企双方特长，推动校企、校际合作，促进区域优质资源共建共享，实现卓越人才培养目标，达到企业人才培养及招录的标准。本解决方案已在全国近二十所高校开始实施，目前已形成企业、高校、学生三方共赢格局。未来五年将努力实现在年培养能力达到万人的目标。

　　天津滨海迅腾科技集团是以 IT 产业为主导的高科技企业集团，总部设立在北方经济中心——天津，子公司和分支机构遍布全国近 20 个省市，集团旗下的迅腾国际、迅腾科技、迅腾网络、迅腾生物、迅腾日化分属于 IT 教育、软件研发、互联网服务、生物科技、快速消费品五大产业模块，形成了以科技为原动力的现代科技服务产业链。集团先后荣获"全国双爱双评先进单位""天津市五一劳动奖状""天津市政府授予 AAA 级和谐企业""天津市文明单位""高新技术企业""骨干科技企业"等近百项殊荣。集团多年中自主研发天津市科技成果 2 项，具备自主知识产权的开发项目数十余项。现为国家工业和信息化部人才交流中心"全国信息化工程师"项目联合认证单位。

前　　言

　　软件工程是应用计算机科学技术、数学、管理学的原理,运用工程科学的理论、方法和技术,研究和指导软件开发和演化的一门交叉学科。随着科技的发展,软件工程已成为计算机科学及其相关专业的一门重要必修课。其教学目的在于使学生掌握软件工程的基本概念和原则,培养学生使用工程化的方法高效地开发高质量软件的能力,以及进行项目管理的能力。

　　软件工程是一门理论与实践并重的课程。本教材在讲述软件工程的基本概念、原理和方法的基础上,全面地介绍了可以用于实际软件开发实践的各种技能。旨在使读者在有限时间里对软件工程的原理有所认识并且能具备实际开发软件的能力。

　　本书共分为两部分,第一部分是基于 Visio 的 UML,第二部分是测试驱动开发。第一部分内容涉及软件工程的基本原理和概念、软件开发生命周期的各个阶段、项目管理的相关内容以及如何使用其他工具来辅助软件开发。第二部分内容涉及测试驱动开发的基本原理、JUnit 框架的核心组件、JUnit 的自动化以及版本控制等。每章分为理论部分和上机部分。理论部分阐述软件工程的基本概念、原理和方法。在内容的安排上详略得当,使读者在有限的时间内能领会软件工程的精髓。上机部分指导读者利用相关的工具对所学内容进行运用。实践与理论的紧密结合,不仅有利于巩固和掌握知识,还能提高读者的实践能力。

　　本书由靳启健主编,任彪、郭思延、王强参与编写。靳启健负责全面内容的规划、编排。具体分工如下:第一部分第一章由王强编写;第一部分第二、三、四章由靳启健编写;第一部分第五章由郭思延编写;第一部分第六章由任彪编写;第二部分第一章由郭思延编写;第二部分第二章由任彪编写;第二部分第三、四章由靳启健编写。

　　本书理论内容简明扼要、通俗易懂、即学即用。希望阅读本教材的读者在软件工程的学习中少走弯路,快速地掌握知识,为后期的学习奠定坚实的基础。

前　言

目　录

第一部分　基于 Visio 的 UML

理论部分

上机部分

第二部分 测试驱动开发

理论部分

上机部分

第一部分
基于 Visio 的 UML

理论部分

第1章 软件工程概念

学习目标

✧ 了解软件工程的概念。
✧ 理解软件工程的分类。
✧ 理解软件生命周期。
✧ 理解 UML 的作用。
✧ 理解 UML 的组成。

课前准备

查看有关软件工程及 UML 的资料。

1.1 软件的概念、特点

软件是计算机系统中与硬件相互依存的另一部分,它是包括程序,数据及其相关文档的完整集合。其中,程序是按事先设计的功能和性能要求执行的指令序列;数据是使程序能正常操纵信息的数据结构;文档是与程序开发,维护和使用有关的图文材料。

软件的特点是:

(1)软件是一种逻辑实体,而不是具体的物理实体。因而它具有抽象性。

(2)软件的产生与硬件不同,它没有现实的制造过程。对软件的质量控制,必须着重在软件开发方面下功夫。

(3)在软件的运行和使用期间并不适用硬件那样的机械磨损,老化问题。任何机械、电子设备在运行和使用中,其实效率大都遵循如图 1-1(a)所示的 U 型曲线(即浴盆曲线)。

而软件的情况与此不同,即使它不存在磨损和老化问题,但是它存在退化问题,必须多次修改(维护)软件,如图 1-1(b)所示。类似 Office 中小帮手的功能。

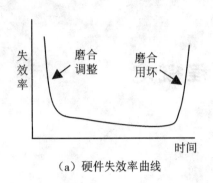
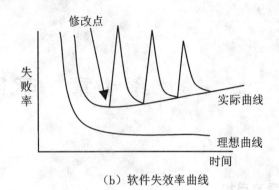

（a）硬件失效率曲线　　　　　　　　　（b）软件失效率曲线

图 1-1　失效率曲线

（4）软件的开发和运行常常受到计算机系统的限制，对计算机系统有着不同程度的依赖性。为了解除这种依赖性，在软件开发中提出了软件移植的问题。

（5）软件的开发至今尚未完全摆脱手工艺的开发方式。

（6）软件本身是复杂的。软件的复杂性可能来自它所反映的实际问题的复杂性，也可能来自程序逻辑结构的复杂性。

（7）软件成本相当昂贵。软件的研制工作需要投入大量的、复杂的、高强度的脑力劳动，它的成本是比较高的。

（8）相当多的软件工作涉及社会因素。许多软件的开发和运行涉及机构、体制及管理方式等问题，甚至涉及人的观念和人们的心理。它直接影响到项目的成败。

1.2　软件的分类

1.2.1　按软件的功能进行划分

● 系统软件：能与计算机硬件紧密配合在一起，使计算机系统各个部件、相关软件和数据协调、高效地工作的软件。例如，操作系统、数据库管理系统、设备驱动程序以及通信处理程序等。

● 支撑软件：是协助用户开发软件的工具性软件，其中包括帮助程序人员开发软件产品的工具，也包括帮助管理人员控制开发进程的工具。

● 应用软件：是在特定领域内开发，为特定目的服务的一类软件。

1.2.2　按软件规模进行划分

按开发软件所需的人力、时间以及完成的源程序行数，可确定六种不同规模的软件，参见表 1-1。

表 1-1　软件规模的分类

类别	参加人员数	研制期限	产品规模(源程序行数)
微型	1	1~4 周	0.5K
小型	1	1~6 月	1~2K
中型	2~5	1~2 年	5~50K
大型	5~20	2~3 年	50~100K
甚大型	100~1000	4~5 年	1M(=1000K)
极大型	2000~5000	5~10 年	1~10M

　　规模大、时间长、很多人参加的软件项目,其开发工作必须要有软件工程的知识做指导。而规模小、时间短、参加人员少的软件项目也得有软件工程概念,遵循一定的开发规范。其基本原则是一样的,只是对软件工程技术依赖的程度不同而已。

1.2.3　按软件工作方式划分

　　● 实时处理软件:指在事件或数据产生时,立即予以处理,并及时反馈信号,控制需要监测和控制的过程的软件。主要包括数据采集,分析,输出三部分。
　　● 分时软件:允许多个联机用户同时使用计算机。
　　● 交互式软件:能实现人机通信的软件。
　　● 批处理软件:把一组输入作业或一批数据以及成批处理的方式一次运行,按顺序逐个处理完的软件。

1.2.4　按软件服务对象的范围划分

　　● 项目软件:也称定制软件,是受某个特定客户(或少数客户)的委托,由一个或多个软件开发机构在合同的约束下开发出来的软件。例如军用防空指挥系统、卫星控制系统。
　　● 产品软件:是由软件开发机构开发出来直接提供给市场,或是为千百个用户服务的软件。例如,文字处理软件、文本处理软件、财务处理软件、人事管理软件等。

1.3　软件的发展和软件危机

1.3.1　软件的发展

　　自 20 世纪 40 年代中出现了世界上第一台计算机以后,就有了程序的概念。其后经历了几十年的发展,计算机软件经历了三个发展阶段:
　　● 程序设计阶段,约 20 世纪 50 至 60 年代
　　● 程序系统阶段,约 20 世纪 60 至 70 年代
　　● 软件工程阶段,约 20 世纪 70 年代以后

计算机软件几十年来最根本的变化体现在如下几个方面：

（1）人们改变了对软件的看法。50 年代到 60 年代时，程序设计曾经被看做是一种任人发挥创造才能的技术领域。当时人们认为，写出的程序只要能在计算机上得出正确的结果，程序的写法可以不受任何约束。随着计算机的广泛使用，人们要求这些程序容易看懂、容易使用，并且容易修改和扩充。于是，程序便从个人按自己意图创造的"艺术品"转变为能被广大用户接受的工程化产品。

（2）软件需求是软件发展的动力。早期的程序开发者只是为了满足自己的需求，这种自给自足的生产方式仍然是其低级阶段的表现。进入软件工程阶段以后，软件开发的成果具有社会属性，它要在市场中流通以满足广大用户的需求。

（3）软件工作的范围从只考虑程序的编写扩展到涉及整个软件生存周期。

1.3.2   软件危机

在软件技术发展的第二阶段，随着计算机硬件技术的进步，要求软件能与之相适应。然而软件技术的进步一直未能满足形式发展提出的要求。致使问题积累起来，形成了日益尖锐的矛盾。这就导致了软件危机。问题归结起来有：

（1）缺乏软件开发的经验和有关软件开发数据的积累，使得开发工作的计划很难制定。只是经费预算常常突破，进度计划无法遵循，开发完成的期限一拖再拖。

（2）软件需求，在开发的初期阶段提得不够明确，或是未能得到确切的表现。开发工作开始后，软件人员和用户又未能及时交换意见，造成开发后期矛盾的集中暴露。

（3）开发过程没有统一的、公认的方法论和规范指导，参加的人员各行其事。加之设计和现实过程的资料很不完整；或忽视了每个人工作与其他人的接口，使得软件很难维护。

（4）未能在测试阶段充分做好检测工作，提交用户的软件质量差，在运行中暴露出大量的问题。

如果这些障碍不能突破，进而摆脱困境，软件的发展是没有出路的。

1.4   软件开发中的方法

在上面我们看到，在软件开发中存在很多问题。所以说，软件尤其是许多人一起开发的大型软件，应使用某种开发方法来发开。甚至一个人开发的小型软件也应通过某种方法进行改进。

所以在软件开发中，我们需要使用方法学来提高我们软件的方方面面。一个优秀的、适用范围广的方法学也是成熟软件的基础。

尽管大多数方法学都是开发小组用来开发大型软件的，但对于开发中小型软件的人员来说。理解优秀方法学的基础知识也是非常必要的。方法学有助于对编码设置规则，即使只是了解方法学的基础步骤，也能增进对问题的理解，提高解决方案的质量。在每个阶段，方法学制定了下一步的工作，我们不会为下一步要干什么而烦恼方法学有助于编写扩展性更高、可靠性更高、更容易调试的代码。

一个优秀的方法能够解决如下问题：规划、调度、分配资源、工作流、活动、任务，等等。

我们知道了方法学的重要性，那么它在软件开发中能够做什么呢？也就是说软件开发会涉及什么？

我们可以发现每个项目的开发过程都有很多共有的阶段，从需求分析开始，一直到最后的维护。在传统的方法中，需要从一个阶段倒下一个阶段一次进行；而在现在方法中，可以多次进行每个阶段，且顺序都是任意的。

1.5　软件开发中的几个阶段

下面描述了软件开发中的一些共有阶段，我们也把这些阶段称为其软件开发的生命周期。正如同任何事物一样，软件也有一个孕育、诞生、成长、成熟、衰亡的生存过程。我们称其为计算机软件的生存周期。根据这一思想，把上述基本的过程活动进一步发展，可以得到软件生存周期的六个步骤：

（1）制定计划：确定要开发软件系统的总目标，给出它的功能、性能、可靠性以及接口等方面的要求；研究完成该项目软件任务的可行性，探究解决问题的可能方案；制定完成开发任务的实施计划，连同可行性研究报告，提交管理部门审查。

（2）需求分析：对待开发软件提出的需求进行分析并给出详细的定义。编写出软件需求说明书及初步的用户手册，提交管理机构评审。

（3）软件设计：把已确定的各项需求转换成一个相应的体系结构。进而对每个模块要完成的工作进行具体的描述。编写设计说明书，提交评审。

（4）程序编写：把软件设计转换成计算机可以接受的程序代码。

（5）软件测试：在设计测试用例的基础上检验软件的各个组成部分。

（6）运行 / 维护：已交付的软件投入正式使用，并在运行过程中进行适当的维护。

软件生存周期模型是从软件项目需求定义直至软件经使用后废弃为止，跨越整个生存周期的系统开发、运作和维护做实施的全部过程、活动和任务的结构框架。

1.6　软件生命周期模式

1.6.1　瀑布模型

瀑布模型规定了各项软件工程活动，包括：制定开发计划，进行需求分析和说明，软件设计，程序编码，测试及运行维护，如图 1-2。并且规定了它们自上而下，互相衔接的固定次序，如同瀑布流水，逐级下落。

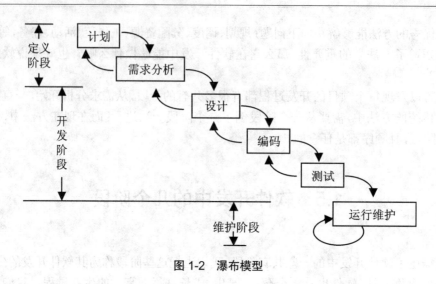

图 1-2　瀑布模型

　　然而软件开发的实践表明,上述各项活动之间并非完全是自上而下,呈线性图式。实际情况是,每项开发活动均处于一个质量环(输入—处理—输出—评审)中。只有当其工作得到确认,才能继续进行下一项活动,在图 1-2 中用向下的箭头表示;否则返工,在图 1-2 中由向上的箭头表示。

　　瀑布模型是一个很好的想法,但不切实际。即使我们能确定开发需要的时间,在没有考虑问题的细节之前,是不可能预知在开发过程中会遇到什么困难的,比如设计缺陷、技术等问题。所以,任何阶段都可能比预期的时间长。另外,工作也可能会扩张,以充分利用可用的时间,这样,某个问题之前的各个阶段很可能因修改会浪费大量的时间。最终结果是整个项目都得延迟交付。

　　1. 优势

　　上述的瀑布模型为软件开发人员提供了众多优势,首先,这个阶段性的软件开发模型定了以下规则;每个阶段都有指定的起点和终点,过程最终可以被客户和开发者识别(通过使用里程碑),在编写第一行代码之前充分强调了需求和设计,这避免了时间浪费以及跳票的风险,同时还可以尽可能的保证实现客户的预期需求。

　　提取需求设计提高了产品质量,因为在设计阶段捕获并修正可能存在的漏洞要比测试阶段容易很多,毕竟在组件集成之后来追踪特定的错误要复杂很多。最后,因为前两个阶段生成了规范的说明书,当团队成员分散在不同地点的时候,瀑布模型可以帮助实现有效的信息传递。

　　2. 缺点

　　除了看上去很明显的优势,瀑布模型近来也受到很多批评,最突出的一点是围绕需求分析的,通常客户一开始并不知道他们需要什么,而是在整个项目进程中通过双向交互不断明确的;而瀑布模型是强调捕获需求和设计的,但在这种情况下,现实世界的反复无常就显得瀑布模型有些不切实际了。

　　除此之外,即使给定了客户需求,根据这些需求在一定的精确性范围内(瀑布模型所建议的)估算时间和成本是非常困难的。因此,建议在客户需求可以在最初阶段明确的情况下并且相对稳定的项目中使用瀑布模型。

另外的批评指出,瀑布模型还假定设计可以被转换为真实的产品,这往往导致开发者在工作时陷入困境,通常看上去合理可行的设计方案在现实中往往代价昂贵或者异常艰难,从而需要重新设计,这样就破坏了传统瀑布模型中清晰的阶段界限。

有些批评还指出瀑布模型暗示了清晰的分工,将参与开发的人员分为"设计师"、"程序师"和"测试师",但是在现实中,这样的分工对与软件公司而言既不现实也没有效率。

1.6.2　螺线模式

对于复杂的大型软件,开发一个原型往往达不到要求。螺旋模型将瀑布模型与演化模型结合起来,并且加入两种模型均忽略了的风险分析。螺旋模型沿着螺线旋转,如图 1-3 所示,在笛卡儿坐标的四个象限上分别表达了四个方面的活动,即:

● 制定计划——确定软件目标,选定实施方案,弄清项目开发的限制条件;
● 风险分析——分析所选方案,考虑如何识别和消除风险;
● 实施工程——实施软件开发;
● 客户评估——评价开发工作,提出修正建议。

沿螺线自内向外每旋转一圈便开发出更为完美的一个新的软件版本。

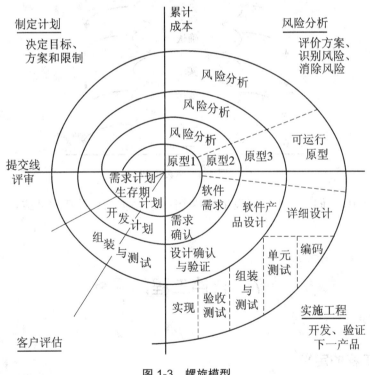

图 1-3　螺旋模型

在完成一次循环后,就增加了对问题域和解决方案的理解,还有用户参与进来,这样用户可以更正我们对最终系统中包含的事务或功能的误解。有了新的知识库,就可以再次执行一遍开发过程:现在我们更新了需求;更深地理解或更正了分析;加强系统设计;给子系统添加边界;再编写更多的代码,更多地满足需求。在经过三、四遍的开发过程,完成系统后,就可以全面测试和部署系统了。

　　与瀑布模式比较,似乎螺旋模型的文笔比较少;它使用户参与了整个生命周期,每个人都可以看我们正在工作;它调整改动的次数和每次改动所花的时间较少。

　　但是螺旋模型的开发方式也不是完美的,我们只是把瀑布开发过程进行了三、四次,也就是说,尽管问题会越来越少,但它们并没有消失。螺旋模型仍有一些不灵活的地方,因为经常要按照有序的方式进行;如果发现了错误,就必须在下一遍开发过程中才能更正它们,因此,螺旋模式本身不是非常有用,需要和其他的模式结合起来一起使用。

1.6.3　喷泉模式

　　喷泉模式对软件复用和生存周期中多项开发活动的集成提供了支持,主要支持面向对象的开发方法,"喷泉"一词本身体现了迭代和无间隙特性。系统某个部分常常重复工作多次,相关功能在每次迭代中随之加入演进的系统。所谓无间隙是指在开发活动,即分析、设计和编码之间不存在明显的边界。如图 1-4 所示。

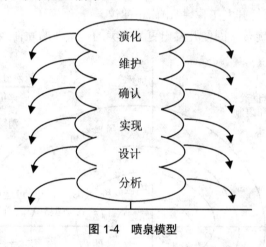

图 1-4　喷泉模型

　　在喷泉模型中,我们允许重复开发中的各个阶段,根据需要前后移动或者来回移动。这就是喷泉模式。

1.7　软件工程的目标

1.7.1　软件工程的定义

　　1983 年 IEEE 给软件工程的定义为:"软件工程是开发、运行、维护和修复软件的系统方法",其中"软件"的定义为:计算机程序、方法、规则、相关的文档资料以及在计算机上运行时所必需的数据。

　　后来尽管又有一些人提出了许多更为完善的定义,但主要思想都是强调在软件开发过程中需要应用工程化原则的重要性。

软件工程包括三个要素：方法、工具和过程。

软件工程方法为软件开发提供了"如何做"的技术。它包括了多方面的任务，如项目计划与估算、软件系统需求分析、数据结构、系统总体结构的设计、算法过程的设计、编码、测试以及维护等。

软件工具为软件工程方法提供了自动的或半自动的软件支撑环境。目前，已经推出了许多软件工具，这些软件工具集成起来，建立起称为计算机辅助软件工程（CASE）的软件开发支撑系统，CASE 将各种软件工具、开发机器和一个存放开发过程信息的工程数据库，组合起来形成一个软件工程环境。

软件工程的过程则是将软件工程的方法和工具综合起来以达到合理、及时地进行计算机软件开发的目的。过程定义了方法使用的顺序，要求交付的文档资料，为保证质量和协调变化所需要的管理及软件开发各个阶段完成的里程碑。

1.7.2　软件工程项目的基本目标

组织实施软件工程项目，最终希望得到项目的成功。所谓成功指的是达到以下几个主要的目标：

- 付出较低的开发成本；
- 达到要求的软件功能；
- 取得较好的软件性能；
- 开发的软件易于移植；
- 需要较低的维护费用；
- 能按时完成开发工作，及时交付使用。

在具体项目的实际开发中，企图让几个目标都达到理想的程度往往是非常困难的。

图 1-5 表明了软件工程目标之间存在的相互关系。其中有些目标之间是互补关系，例如，易于维护和提高可靠性，低开发成本与按时交付。还有一些目标是彼此互斥的，例如，低开发成本与软件可靠性之间，提高软件性能与软件可移植性之间，就存在冲突。

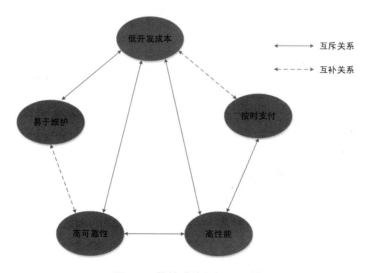

图 1-5　软件功能目标之间的关系

1.8 软件工程的原则

以上的软件工程基本目标适合于所有的软件工程项目。为达到这些目标,在软件开发过程中必须遵循下列软件工程原则:

(1)抽象

抽取事物最基本的特性和行为,忽略非基本的细节,采用非层次抽象,自顶向下,逐层细化的办法控制软件开发过程的复杂性。

(2)信息隐蔽

将模块设计成"黑箱",实现的细节在模块内部,不让模块的使用者直接访问。这就是信息封装,使用与现实分离的原则,使用者只能通过模块接口访问模块中封装的数据。

(3)模块化

要求在一个物理模块中逻辑上相对独立的成分,使独立的变成单位,应有良好的接口定义。如 C 语言中的函数过程,C++ 语言程序中的类。模块化有助于信息隐蔽抽象有助于表示复杂的系统。

(4)局部化

要求在几个物理模块内集中逻辑上相互关联的计算机资源,保证模块之间有松散的耦合,模块内部有较强的内聚。这有助于控制解的复杂性。

(5)确定性

软件开发过程中所有概念的表达应是确定的、无歧义性的、规范的。这有助于人们交流时不会产生误解、遗漏,保证整个开发工作协调一致。

(6)一致性

整个软件系统(包括程序、文档和数据)的各个模块应使用一致的概念、符号和术语。程序内部接口应保持一致,软件和硬件、操作系统的接口应保持一致,系统规格说明与系统行为应保持一致,用于形式化规格说明的公理系统应保持一致。

(7)完备性

软件系统不丢失任何重要成分,可以完全实现系统所要求功能的程度。为了保证系统功能的完备性,在软件开发和运行过程中需要严格的技术评审。

(8)可验证性

开发大型的软件系统需要对系统自顶向下、逐层分解。系统分解应遵循系统易于检查、测试、评审的原则,以确保系统的正确性。

使用一致性、完备性和可检验性的原则可以帮助人们实现一个正确的系统。

1.9　面向对象的方法学

所有面向对象的专家都相信,合适的方法学是软件开发的基础,尤其是团队合作时,就更是如此。因此,在过去的几年中,人们发明了许多方法学。广义的看,所有面向对象的方法学都是类似的,它们有类似的阶段和类似的制品,但有许多小的区别。

面向对象的方法学不太好理解,例如,开发人员在是否使用某种类型的图时有一些选择。因此开发小组在进行详细规划或调度之前,必须选择一种方法,认可该方法产生的制品。

UML 就是一种非常好的方法,该方法可以为软件生命周期中的各个阶段提供不同的解决方法和解决工具,关于 UML 我们将在下面讲解。

接下来,主要讲解一些软件工程中的概念:统一建模语言(Unified Modeling Language, UML)。UML 是一种用于描述、可视化和构架软件系统以及商业建模的语言。它代表了在大型、复杂系统的建模领域得到认可的"优秀的软件工程方法"。

1.10　什么是 UML

UML 是一种标准的图形化建模语言,它是面向对象分析与设计的一种标准表示。它具有以下一些特点:

➢ 不是一种可视化的程序设计语言,而是一种可视化的建模语言;

➢ 不是工具或知识库的规格说明,而是一种建模语言规格说明,是一种表示的标准;

➢ 不是过程也不是方法,但允许任何一种过程和方法使用它。

所以我们可以说:

(1)UML 是一种语言

像任何语言一样,UML 提供了用于交流的词汇表及其组词规则,说明如何创建或理解结构良好的模型,但它并没有说明在什么时候创建什么样的模型。

(2)UML 是一种可视化的建模语言

软件开发的难点在于项目参与人员的沟通和交流,领域专家、软件设计开发人员、客户等各自使用不同的语言交流,对系统的概念模型容易产生错误的理解。另外,阅读程序代码虽然可以推断其含义,但无法正确地理解它,当接手别人的开发工作时,你往往由于难以理解而不得不重新实现部分程序。

UML 提供了一种具有明确语义的图型符号,可以建立清晰的模型便于交流,同时所有开发人员都可以无异议地解释这个模型。

(3)UML 是一种可用于详细描述的语言

UML 为所有重要的分析、设计和实现决策提供了精确的、无歧义的和完整的描述。

（4）UML 是一种构造语言

UML 不是一种可视化的编程语言，但它所描述的模型可以映射成不同的编程语言，如 Java、C++ 和 Visual Basic 等。这种映射可以进行正向工程——从 UML 模型到编程语言的代码生成，也可以进行逆向工程——由编程语言代码重新构造 UML 模型。

（5）UML 是一种文档化语言

UML 不是过程，也不是方法，但允许任何一种过程和方法使用它。它可以建立系统体系结构及其详细文档，提供描述需求和用于测试的语言，同时可以对项目计划和发布管理的活动进行建模。

1.11 为什么需要 UML

UML 是一种用于建模的语言。那么我们为什么要用系统建模？这是因为我们不可能全面地理解任何一个复杂的系统。随着系统复杂性的增加，先进的建模技术越来越重要。一个项目的成功有许多原因，严格的建模语言标准是其中一个重要的因素。建模语言应该包括以下几个部分：

- 模型元素——基本的建模概念和语言。
- 表示法——模型元素的符号表示。
- 准则——行业习惯用法。

随着软件的战略价值日益增长，企业期待能够加速软件开发的技术，我们寻找着提高软件质量、降低软件成本和开发时间的方法。这些技术包括构器器、可视化编程、模式和框架。随着系统应用领域和规模的不断扩大，我们也探索管理系统复杂性的技术。特别是必须解决不断出现的体系结构难题，例如物理上的分布性、并发性、复制、安全、负荷平衡以及容错能力。

复杂性随应用领域和开发阶段的不同而不同，UML 可以帮助开发人员设计出能够恰当地表达不同领域、不同程度的体系复杂度的语义和表示法。

使用 UML 的好处：

➢ 易于使用，表达能力强，进行可视化建模；

➢ 与具体的实现无关，可以用于任何语言平台和工具平台；

➢ 与具体的过程无关，可应用于任何软件开发的过程；

➢ 简单并可扩展，具有扩展和专有化机制，便于扩展无需对核心概念进行修改；

➢ 为面向对象的设计与开发中涌现出的高级概念，例如写作框架模式和组件提供支持，强调在软件开发中对结构框架模式和组件提供支持，强调在软件开发中构架框架模式和组件的重用；

➢ 与最好的软件工程实践经验集成；

➢ 可升级具有广阔的适用性和可用性；

➢ 有利于面对对象工具的市场成长。

1.12 UML 的发展

1.12.1 UML 的诞生

从 20 世纪 70 年代中期到 80 年代末期,随着方法学家在实践中对面向对象的分析和设计方法的探索,出现了最初的面向对象的建模语言。独立的建模语言从 1989 年的不到 10 种猛增到 1994 年的 50 多种,即使是在这种"方法大战"的推动下,许多面向对象技术的使用者还是很难对某种建模语言表示完全满意。到了 20 世纪 90 年代中期,改进的方法陆续出现,最引人注目的有 Booch'93 方法、不断完善的 OMT 技术和 Fusion 方面。这些方法不断吸收其他方法的优点,产生了一批卓越的软件开发技术,如 OOSE(面向对象的软件工程方法)、OMT-2 和 Booch'93 方法。这些软件工程方法都是完整的技术,但都只在某些方面具有优势。简单的说,OOSE 方法是面向用例的方法,对商业工程设计和需求分析提供了良好的支持。OMT-2 方法便于分析和开发数据密集的信息系统;而 Booch'93 方法则更注重工程的设计和构造阶段,在开发工程密集的应用方面具有优势。

UML 的开发始于 1994 年 8 月,Rational 软件公司的 Grady Booch 和 Jim Rumbaugh 着手进行统一 Booch 方法和 OMT(对象建模技术)的工作。由于 Booch 和 OMT 方法有很多相似之处,而且被公认为世界范围内面向对象方法的先驱,Booch 和 Rumbaugh 决定合作设计一门统一的建模语言。1994 年 10 月发行了统一方法(The Unified Method)的初版(0.8 版)。同年秋天,Ivar Jacobson 加盟联合开发小组,并力图把 OOSE 方法也统一进来。

作为 Booch、OMT 和 OOSE 方法的创始人,Booch、Rumbaugh 和 Jacobson 决定开发 UML 有三个原因:第一,这些方法有许多相似之处,通过这项工作,消除可能会给使用者造成混淆的不必要的差异是非常有意义的。第二,通过对语义和表示法的统一,可以稳定面向对象技术的市场,是工程开发可能采用一门成熟的建模语言,开发工具的设计者可以集中精力设计更优越的性能。第三,他们希望通过统一的工作,使所有的方法更进一步,积累已有的经验,解决以前没有解决好的问题。

当 Booch、Rumbaugh 和 Jacobson 着手进行统一工作时,制定了四个目标:
- 使用面向对象的概念构造系统(不仅仅指软件系统)的模型。
- 建立设计框架与代码框架间明确的联系。
- 解决复杂的、以任务为中心的系统内在的规模问题。
- 开发人与机器通用的建模语言。

开发应用于面向对象的分析和设计的表示法并不像设计一门编程语言那么简单。首先,设计者要考虑:表示法是不是应该能够表达系统的开发需求?是不是要把表示法设计成形象化的语言?其次,设计者需要在表达能力和简洁程度之间做一下折中:过于简洁的表示法会限制应用的范围;而过于复杂的表示法又会吓到刚入门的使用者。如果设计这是在统一已有的一些方法,则还要照顾到过去的基础:改变过去会使原来的使用者感到混乱。不作改进,又难以吸引更多的使用者。UML 的定义力图在这几个方面平衡利弊。

　　经过 Booch、Rumbaugh 和 Jacobson 的不懈努力,UML0.9 和 0.91 版终于在 1996 年的六月和十月分别出版。1996 年间, UML 的开发者们虚心求教并收到了来自社会各界的反馈。他们根据反馈意见作了相应的改进,但显然还有很多工作需要完成。

　　1996 年,一些组织逐渐认识到 UML 对其业务的战略价值。几个愿意为 UML 贡献力量的组织联合组成了 UML 合作者协会。这些合作者联合开发了 UML1.0,一门严格定义、功能强大、应用广泛的建模语言。

　　UML 的合作者们提供了许多内行的建议,包括: OMG 和 RM-ODP 技术、商业建模、状态机语言、类型、界面、构件、协同、求精、框架、分配和元模型。以上所列仅是其中的一部分。UML1.0 是集体智慧的结晶。我们可以发现 UML 的发展路径如图 1-6 所示。

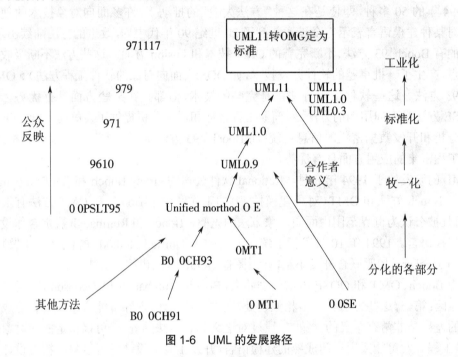

图 1-6　UML 的发展路径

1.12.2　UML 的标准化

　　UML 是在先进的面向对象方法的基础上建立起来的,因此许多组织都已经宣布支持 UML 为其组织的标准。UML 已经做好了广泛应用的准备。UML1.0 版是稳定、实用的版本。这些文档可以作为作家撰写书籍和培训教材以及开发者设计形象化建模工具的第一手材料。其他的资料,如论文、培训课程、范例和书籍等,将很快推动 UML 的广泛传播。

　　根据对象管理小组(OMG)的分析和设计工作组的 RFP-1,UML1.0 版的文档及其他资料,在 1997 年 1 月提交。1997 年 11 月,OMG 正式接纳 UML 作为对象建模方法的标准。

1.12.3　UML 的工业化

　　许多组织和开发者都已经采用了 UML,接受 UML 的组织将随着时间迅速增加。这将使 UML 定义更加实用,并鼓舞其他方法学家、工具开发者、培训中心和作家采用 UML,从而继续促进统一建模语言的推广。

1.13　UML 的组成

UML 由视图（Views）、图（Diagrams）、模型元素（Model elements）和通用机制（General mechanism）等几个部分构成。

UML 是用来描述模型的,它用模型来描述系统的结构或静态特征以及行为或动态特征。它从不同的视角为系统的架构建模,形成系统的不同视图。在每一类视图中使用一种或两种特定的图来可视化地表示视图中的各种概念。

UML 中的各种组件和概念之间没有明显的划分界线,但为了方便起见,用视图来划分这些概念和组件。视图只是表达系统某一方面特征的 UML 建模组教案的子集。我们可以把视图分成 4 个大的域:结构、动态、模型管理、可扩展性。

结构性分类描述了系统中的事物和事物间的关系,分类包括类、用例、构件和结点。分类提供了动态行为构建的基础,分类视图包括静态视图、用例视图和实现视图。

动态行为描述了系统时间上的行为。行为可以用静态视图中系统快照的一系列变更来描述。行为视图包括状态视图、活动图视和交互视图。

模型管理说明了模型的分层组织结构。包是模型的基本组织单元。特殊的包还有模型和子系统。可以根据整个工作团队的开发工作和配置,来有效阻止模型管理视图与其他视图。

可扩展性包括了具有扩展能力的组件,这些扩展能力有限但是非常有用。这些组件包括构造型、约束和标记值。

表 1-2 显示了 UML 视图和它们的图,以及与各视图有关的主要概念。

表 1-2　UML 视图

主要领域	视图	图	主要概念
结构性	静态视图	类图	类、关联、概括、依赖、实现、接口
	用例视图	用例图	用例、活动者、关联、扩展、包含、用力概括
	实现视图	构件图	构件、接口、依赖、实现
	配置视图	配置图	结点、构件、依赖、位置
动态行为	状态视图	状态图	状态、事件、迁移、动作
	活动视图	活动图	状态、活动、结束迁移、分叉、连接
	交互视图	顺序图	交互、对象、信息、激活
		协作图	协作、交互、协作角色、信息
模型管理	模型管理视图	类图	包、子系统、模型
扩展	所有	所有	约束、构造型、标记值

1.13.1   用例视图

　　用例视图从外部永固的角度捕获系统、子系统或类的行为。它将系统功能划分为对活动者（系统的理想用户）具有意义的事务。这些功能片被称为用例。用例通过系统与一个或多个活动者之间的一系列消息描述了与活动者的交互。活动者包括人员、其他的计算机系统和进程。图 1-7 显示了出售电话本的用例图。

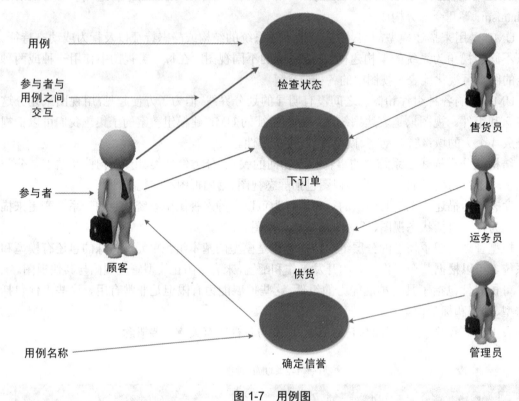

图 1-7   用例图

1.13.2   静态视图

　　静态视图是 UML 的基础。模型静态视图的元素是应用中具有意义的概念，包括现实世界概念、抽象概念、实现概念、运算概念、以及系统中发现的所有概念。例如，戏院订票系统包括如下的概念：票、预订、订购计划、座位安排算法，订购的 Web 交互以及档案数据等。

　　静态视图捕获对象结构。面向对象的系统将数据结构和行为特性统一成单个对象结构。静态视图包括所有的传统数据结构内容，以及数据上操作的组织。数据和操作量化成类。从面向对象的角度来说数据和行为紧密的联系在一起。如：票对象携带了数据如它的价格、演出日期、座位号码和数据上的操作，如预订和计算某个折扣下的价格。

　　静态视图将行为实体描述为离散的模型元素，但它不具有动态行为的细节。它将实体认为是被命名的，为类所拥有的或调用的事物。它们的动态执行被其他描述动态特性内部细节的视图所描述。这些视图包括交互视图和状态视图。动态视图要求静态视图描述动态交互的事物。注意，不可能在阐明交互的事物之前，描述事物如何的交互，静态视图是其他视图构建的基础。

　　静态视图中的关键元素是分类和他们之间的关系。有许多种分类,包括类、接口和数据类型,分别是描述事物的模型元素。行为性的事物有其他分类来细化,包括用例和信号。另一些分类,如子系统、构建和结点则体现了实现方面的内容。

　　为了便于理解其重用性,大型模型必须划分成较小的单元。包是控制和管理模型内容的组织单元。每个元素均属于某个包。模型是描述系统整体视图的包,它或多或少可以独立于其他模型使用;它是包含了更加详细描述系统的根。

　　对象是建模人员理解和构建系统分离的单元。它是类的实例——即结构和行为由类来描述的具有标识的个体。对象是具有可调用的良好定义行为的可标识的一个状态。

　　分类之间的关系是关联、概括,以及各种依赖,包括实现和使用。

1.14　UML 在软件开发中的应用

　　UML 的应用贯穿在系统开发的四个阶段,它们是:

　　(1)需求分析——UML 的用例视图可以表示客户的需求,通过用例建模,可以对外部的角色以及它们所需要的系统功能建模。角色和用例是它们之间的关系,以及它们之间的通信。建模的每个用例都制定了客户的需求,客户需要系统干什么。不仅要软件系统,对商业过程也要进行需求分析。

　　(2)分析——分析阶段主要考虑所要解决的问题,可用 UML 的逻辑视图的动态视图来描述。类图描述系统的静态结构、协作图、状态图、序列图。活动图描述系统的动态特征。在分析阶段,针对问题领域的类建模,而不定义软件系统的解决方案的细节,如用户接口的类,数据数等。

　　(3)构造——在构造或程序设计阶段,把设计阶段的类转换成某种面向对象程序设计语言的代码。在对 UML 表示的分析和设计模型进行转换时,最好不要直接把模型转化成代码。因为在早期阶段,模型是理解系统并对系统进行结构化的手段。

　　(4)测试——对系统的测试通常分为单元测试、集成测试、系统测试和接受测试几个不同级别。单元测试是对及各类或族类的测试,通常由程序员进行。集成测试集成组件和类,确认它们之间是否恰当地协作。系统测试把系统当作一个黑箱,验证系统是否具有用户所要求的所有功能。接受测试由客户完成,与系统测试类似,验证系统是否满足所有的需求。不同的测试小组使用不同的 UML 图作为他们工作的基础。单元测试使用类图和类的规格说明,集成测试典型地使用组件图和协作图,而系统测试实现用例图来确认系统的行为是否符合这些图中的定义。

1.15　小结

　　✓　软件是计算机系统中与硬件相互依存的另一部分，它是包括程序数据及其相关文档的完整集合。

　　✓　软件是一种逻辑实体，而不是具体的物理实体，因而它具有抽象性。

　　✓　软件生存周期的六个阶段：制定计划、需求分析、软件设计、程序编写、软件测试、运行 /维护。

　　✓　瀑布模型规定了各项软件工程的六个阶段，自上而下，相互衔接的固定次序，如同瀑布流水，逐级下落。

　　✓　软件工程原则是抽象、信息隐蔽、模块化、局部化、确定性、一致性、完备性、可验证性。

　　✓　UML 由视图（Views）、图（Diagrams）、模型元素（Model elements）和通用机制（General mechanism）等几个部分构成。

　　✓　用例视图从外部用户的角度捕获系统，子系统或类的行为。他将系统功能划分为对活动者（系统的理想用户）具有意义的事务。

　　✓　静态视图是 UML 的基础。模型静态视图的元素是应用中具有的意义的概念、包括现实世界概念、抽象概念、实现概念、运算概念，以及系统中发现的所有概念。

1.16　英语角

　　What does software development involve? There are a number of phases common to every development, regardless of methodology starting with requirements capture and ending with maintenance. With the traditional approach, you're expected to move forward gracefully from one phase to the other. with the modern approach on the other hand you're allowed to perform each phase more than once and in any order.

　　The list below describes the common phases in software development —you may have seen different names for some of these but the essentials remain the same. At this stage we're interested in the intent of the phases rather than details of how you might actually go about performing them. Be warned though that some methodologists combine requirements and analysis while others combine analysis and design.

1.17　作业

1. 开发软件是对提高软件开发人员工作效率至关重要的是（A）。软件工程中描述生存周期的瀑布模型一般包括计划、（B）、设计、编码、测试、维护等几个阶段。其中这几阶段在管理上又可以一次分成（C）和（D）两步。

供选择的答案：

A. ① 程序开发环境　② 操作系统的词源管理功能　③ 程序人员　④ 计算机的并行处理能力

B. ① 需求分析　② 需求调查　③ 可行性分析　④ 问题定义

C、D ① 方案设计　② 代码设计　③ 概要设计　④ 数据设计　⑤ 运行设计　⑥ 详细设计　⑦ 故障处理设计　⑧ 软件体系机构设计

2. 试说明"软件生命周期"的概念。

3. 试论述瀑布模型软件开发方法的基本过程。

4. 软件工程是开发、运行、维护和修复软件的系统化方法，它包含哪些要素？试说明之。

5. 软件工程学的基本原则有哪些？试说明。

6. 有人说：软件开发时，一个错误发现得越晚，为改正它所付出的代价就越大，对否？请解释你的回答。

1.18　思考题

请说出，在软件生命周期模式中，各个模式的优缺点，以及在什么情况下使用什么模式。

1.19　学员回顾内容

1. 软件生命周期。

2. UML 的组成以及作用。

第 2 章 静态视图

学习目标

   ✧ 了解静态视图的作用。
   ✧ 理解静态视图包含哪些元素。
   ✧ 掌握类图。
   ✧ 掌握类关系。

课前准备

查看有关静态视图的概念和应用。

静态视图是 UML 的基础。模型中静态视图的元素是应用中有意义的概念,这些概念包括真实世界中的概念、抽象的概念、实现方面的概念和计算机领域的概念,即系统中的各种概念。举个例子,一个剧院的售票系统有各种概念,如票、预订、预约计划、座位分配规则、网络订票和冗余信息等。

静态视图中的关键元素是类元及它们之间的关系。类元是描述事物的建模元素。有几种类元,包括类、接口和数据类型。包括用例和信号在内的其他类元具体化了行为方面的事物。实现目的位于子系统、构件和节点这几种类元之后。

静态视图包括类图、对象图和包图。其中,类图描述系统中类的静态结构。它不仅定义系统中的类,表示类之间的联系,还包括类的属性和操作。在本章,我们将重点介绍静态视图中的类图。

2.1 类

类元是任何面向对象系统中最重要的构造块。类元用来描述结构和行为特性的机制,它包括类、接口、数据类型、信号、组件、节点等。

类是对一组具有相同属性、操作、关系和语义的对象的描述。这些对象包括现实世界中的软件事物和硬件事物,甚至也可以包括纯粹概念性的事物,它们是类的实例。一个类可以实现一个或多个接口。结构良好的类具有清晰的边界,并成为系统中职责均衡分布的一部分。

类在 UML 中由专门的图形表示,是分成 3 个分割区的矩形。其中顶端的分割区为类的名字,中间的分割区存放类的属性,属性的类型以及初始值,但 3 个分割区放操作、操作的参数表和返回类型,如图 2-1 所示。

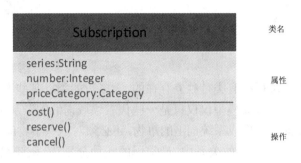

图 2-1　类图的结构

（1）类名

类的名称是每个类型所必有的构成,用与其他类相区别,类名是一个字符串。

（2）属性

类的属性是类的一个组成部分,它描述了类在软件系统中代表的事物所具有的特性,类可以有任意数目的属性,也可以没有属性。属性描述了正在建模的事物的一些特性,这些特性是所有的对象所共有的。例如对学生建模,每个学生都有名字、专业、籍贯和出生年,这些都可以作为学生类的属性。

在 UML 中类属性的语法为:

[可见性] 属性名 [: 类型] [= 初始值]

其中 [] 中的部分是可选的。类中属性的可见性主要包括 public、private 和 protected 三种,它们分别用“+”、“-”和“#”表示。

根据定义,类的属性首先是类的一部分,并且每个属性都必须有一个名字以区别于类的其他属性,通常情况下属性名有描述所属类的特性的短名词或名字短语构成(通常以小写字母开头)。类的属性还有取值范围,因此还需要为属性指定数据类型。例如布尔类型的属性可以取两个值 True 和 False。当一个类的属性被完整的定义后,它的任何一个对象的状态都由这些属性的特定值所决定。

（3）操作

类的操作是对类的对象所能做的事物的抽象。它相当于一个服务的实现,该服务可以有类的任务对象请求以影响其行为。一个类可以由任何数量的操作或者根本没有操作。类的操作必须有一个名字,可以有参数表,可以有返回值。根据定义,类的操作所提供的服务可以分为两类,一个类是操作的结果引起对象状态的变化,状态的改变也包括相应动态行为的发生;另一类是为服务的请求者提供返回值。

在 UML 中类操作的语法为:

[可见性] 操作名 [(参数表)][: 返回类型]

实际建模中,操作名是用来描述所属类的行为的短词语,或动词短语(通常以小写字母开头)。如果是抽象操作,则用斜体字表示。

2.2　关系

抽象过程中,你会发现很少有类是独立存在的,大多数的类以某些方式彼此协作。如果离开了这些类之间的关系,那么类模型仅仅只是一些代表领域词汇的杂乱矩形方框。因此,在进行系统建模时,不仅要抽象出形成系统词汇的事物,还必须对这些事物间的关系进行建模。

关系是事物间的联系,在类的关系中,最常用的 4 种分别为:依赖(Dependency),它表示类之间的使用关系;泛化(Generalization),它表示类之间的一般和特殊的关系;关联(Association),它表示对象之间的结构关系;实现(Realization),它是规格说明和其实现之间的关系。

2.2.1　依赖

依赖是按两个元素之间的关系,对一个元素(提供者)的改变可能会影响或提供消息给其他元素(客户)。也就是说,客户以某种方式依赖于提供者。在实际的建模中,类元之间的依赖关系表示某一类元以某种方法依赖于其他类元。

从语义上理解,关联、实现和泛化都是依赖关系,但因为他有更特别的语义,所以在 UML 中被分离出来作为独立的关系。

在图形上,UML 把依赖描述成一条有方向的虚线,指向被依赖的对象,如图 2-2 所示。

```
- - - - - - - - - - - - - - - - - - - - - - - - ->
```

图 2-2　依赖关系的 UML 符号

UML 建模过程中,常用依赖指明一个类把另一个类作为它的操作的特征标记中的参数。当被使用的类发生变化时,那么另一个类的操作也会受到影响,因此这个被使用类此时已经有了不同的接口行为。举例来说,类 TV 中的方法 change 使用了类 Channel 的对象作为参数。因此在类 TV 和类 Channel 之间存在着依赖关系。显然,当类 Channel 发生变化时(电视频道改变),类 TV 的行为也发生了相应的变化,如图 2-3 所示。

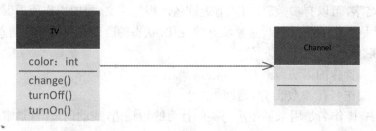

图 2-3　依赖关系举例

2.2.2　泛化

泛化是一般事务(称为超类或父类)和该事物的较为特殊的种类(称为子类)之间的关系,子类继承父类的属性和操作,除此之外通常子类还添加新的属性和操作,或者修改了父类的某些操作。泛化意味着子类的对象可以用在父类的对象可能出现的地方,但反过来则不成立。例如电视可以分为彩色电视和黑白电视,电视也可以分为 CRT 电视、液晶电视、背投电视、和等离子电视。这些都是泛化关系,只是观察事物的角度不一样。更简单来说,泛化关系描述了类之间的"is a kind of"(属于……的一种)的关系。

在图形上,泛化用从子类指向父类的空心三角形简头表示(图 2-4),多个泛化关系可以用箭头线表示的属性来表示,每个分支指向一个子类。

图 2-4　泛化关系的 UML 符号

我们来看看电视类,类 ColerTV 和类 BlackWhiteTV 是 TV 的子类。因此,由空心三角形箭头从类 ColorTV 和类 BlackWhiteTV 指向类 TV。很明显类 BlackWhiteTV 和类 ColorTV 集成了类 TV 的某些属性,还添加了属于自己的某些新的属性。如图 2-5 所示。

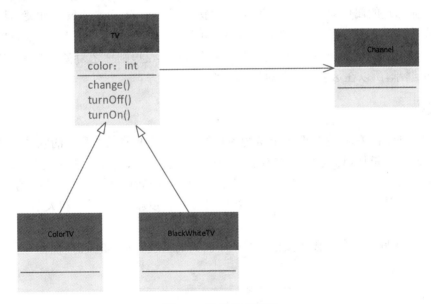

图 2-5　泛化关系举例

泛化有两个主要的用途,第一是用来定义以下的情况:当一个变量被声明表示承载某个给定类的值时,可使用类的实例为值,这是一个可替代性原则。这种原则表明无论何时父类被声明,则子类的一个实例可以被使用。例如,父类的电视机被声明,那么子类彩色电视的对象就是一个合法的值。泛化使得多台操作成为了可能,即操作的是实现有他们所使用的对象的类,而不是由调用者确定的。多态的意思是"多种形态",多态操作是具有多种实现的操作。如图 2-6 描述了一个多态模型。假设有类 Canvas,它维护 Shape 的集合。

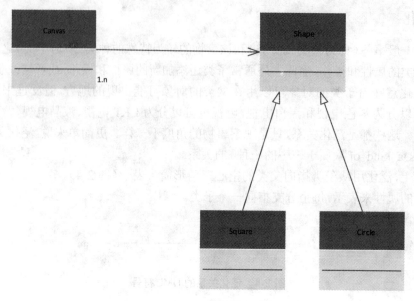

图 2-6   泛化的主要用途示例

第二,共享父类所定义成分的前提下,允许子类自定义增加的描述,这被称作继承。继承是一种机制,通过该机制类对象的描述,从类及其父类的声明部分聚集起来,对类元而言,没有具有相同特征标记的属性会被多次声明,无论直接的或继承的,否则将发生冲突,且模型形式错误。也就是说,父类声明过的属性不能被后代再次声明。如只有一个父类,则是单继承,如果一个类有多个父类,并且从每一个父类那里得到继承信息,则称之为多重继承。在 Java 和 C# 中都是单继承,所以在这里我们只讨论单继承。

2.2.3   关联

关联是一种结构关系,它指明一个事物的对象与另一个事物的对象间的联系。也就是说,如果两事物间存在链接,这些事物的类间必定存在着关联关系,因此链接是关联的实例,就如同对象是类的实例,举例来说,学生在大学里学习,大学包括许多的学院,显然在学生、学院和大学之间存在着某种联系。在 UML 建模设计类图时,可以就学生、学院和大学 3 个类之间建立关联关系。

在图形上,关联用一条连接线按相同类或不同类的实线表示,如图 2-7 所示。

图 2-7   关联关系的 UML 符号

在分析阶段,关联表示对象之间的逻辑关系。没有必要指定方向或者关心如何去实现它们。应该尽量避免多余的关联,因为它们不会增加任何逻辑信息。

在设计阶段,关联用来说明关于数据结构的设计决定和类之间职责的分离。此时,关联的方向性很重要,而且为了提高对象的存取效率和对特定类信息的定位,也可引入一些必要的多余关联。在设计阶段带有导航型的关联表示对一个类有用的状态信息,而且它们能够以多种方式映射到程序设计语言当中。关联可以用一个指针、被嵌套的类甚至完全独立的表对象来实现。其他几种设计属性包括可见性和链的可修改性。图 2-8 表示一些关联的设计特性。

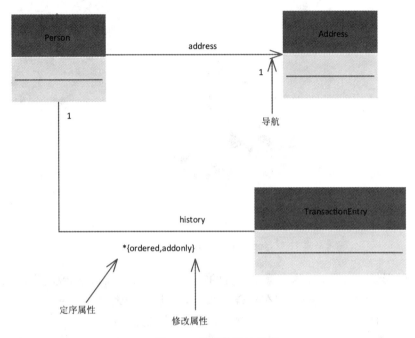

图 2-8　关联的设计特性

在关联中，有一个多重性的概念。在实际建模中，在关联实例中说明两个类之间存在多少个互相连接是很重要的。这里指的"多少"就是关联角色的多重性。

多重性被表示为用点分隔的区间，每个区间的格式为：minimun...maximun，其中 minimun 和 maximun 是整数。多重性语法的一些示例如表 2-1 所示。

表 2-1　多重性语法

修饰	语意
0...1	0 或 1
1	为 1
0...* 或 0...n	0 或更多
1...* 或 1...n	1 或更多
* 或 n	0 或更多

在关联中还有一个比较常用的概念就是：聚合。

聚合表示部分与整体关系的关联，它用端点带有空菱形的线段表示，空菱形和聚合类相连接。整体有管理部分的特有的职责，它用一个实菱形物附在组成端表示。每个表示部分的类与表示整体的类之间有单独的关联，但是为了方便起见，连线结合在一起，整组关联就像一棵树。图 2-9 表示了聚合关联。

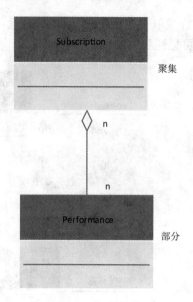

图 2-9 聚合关联

    组成是更强形式的关联,整体由管理部分的特有职责并且它们有一致的生命周期。可以这么说,组成是另一种形态的聚合,它在聚合的基础上添加更精确的一些语意。
    在 UML 中,组成关联用实心的菱形头的实线表示,如图 2-10 所示。

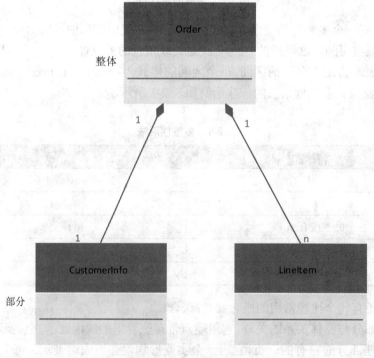

图 2-10 组成关联

2.2.4 实现

实现是规格说明和其现实间的关系。它表示不继承结构而只继承行为。大多数情况下，实现关系用来规定接口和实现接口的类或组建之间的关系。接口是能够让用户重用系统一组操作集的 UML 组件。一个接口可以被多个类或组件实现，一个类或组件也可以有多个接口。

可以在两种情况下使用实现关系：第一，在接口与实现该接口的类间；第二，在用例以及实现该用例图的协作。

在 UML 中，实现关系用一个带空心三角形的箭头来表示，箭头方向指向接口。例如，计算器键盘保证自己的部分行为能够"实现"打字员的行为，也就是说它们间存在着实现的关系。

实现关系将一种模型元素（如类）与另一种模型元素（如接口）连接起来，其中接口只是行为的说明而不是结构或者实现。客户必须至少支持提供者的所有操作（通过继承或者直接声明）。虽然实现关系意味着要有像接口这样的说明元素，它也可以用一个具体的实例元素来暗示它们的说明（而不是它的实现）必须被支持。例如，这可以用来表示类的一个优化形式和一个简单的低效形式之间的关系。

泛化和实现关系都是可以将一般描述与具体描述联系起来，泛化将在统一语义层上的元素连接起来（如，在同一抽象层），并且通常在同一模型内。实现关系将在不同语义层内的元素连接起来（如，一个分析类和一个设计类；一个接口与一个类）。并且通常建立在不同模型内。在不同发展阶段可能有两个或者更多的类等级，这些类等级的元素通过实现关系联系起来。两个同等级类无需具有相同的形式，因为实现的类可能具有实现依赖关系，而这种依赖关系与具体类是不相关的。

实现关系用一条带封闭空箭头的虚线来表示（图 2-11），且与泛化的符号很相像。

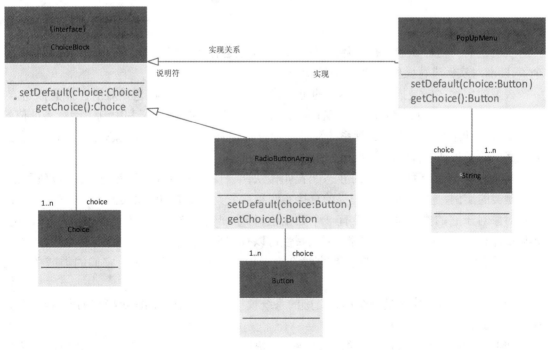

图 2-11 实现关系

　　用一种特殊的折叠符来表示接口(无内容)以及实现接口的类或结构。接口用一个圆圈表示,它通过实线附在表示类元的矩形上(图 2-12)。

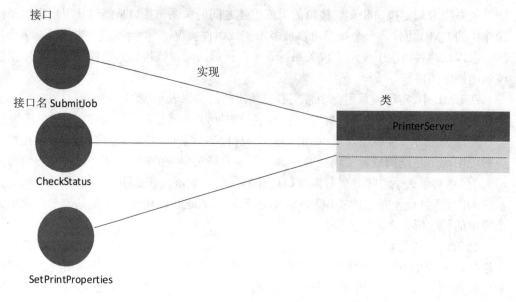

图 2-12　接口表示法

2.3　对象图

　　实例是有身份标识的运行实体,即它可以与其他运行实体相区分。它在任何时刻都是一个值,随着对实例进行操作,值也会被改变。

　　模型的用途之一是描述一个系统的可能状态和它们的行为。模型是对潜在性的描述,对可能存在的对象集合对象经历的可能行为历史的描述。静态视图定义和限制了运行系统值的可能配置。动态视图定义了运行系统从一个配置传递到另一个的途径。总之,静态视图和建立在其上的各种动态视图定义了系统的结构和行为。

　　在某一时刻一个系统特定的静态配置叫做快照。快照包括对象和其他实例、数值和链。对象是类的实例,是完全描述它的类的直接实例和那个类的父类的间接实例。

　　对象对于它的类的每个属性有一个数据值,每个属性值必须与属性的数据类型相匹配。如果属性有可选的或多选的多重性,那么属性可以有零个或多个值。链包含有多个值,每一个值是一个给定类的或给定类的子类的对象的引用。对象和链必须遵从它们的类或关联的约束。

　　如果系统的每个实例是一个形式良好的系统模型实例,并且实例满足模型的所有约束,则说明系统的状态是有效的系统实例。

　　UML 的行为部分描述了快照的有效顺序,快照可能作为内部和外部行为影响的结果出现。动态图定义了系统如何从一个快照转换到另一个快照。

快照的图是系统在某一时刻的图像。因为它包含对象的图像,因此也被叫做对象图。作为系统的样本它是有用的,如可以用来说明复杂的数据结构或一系列的快照中表示行为。请记住所有的快照都是系统的样本,而不是系统的定义。系统结构和行为在定义视图中定义,且建立定义视图是建模和设计的目标。

静态视图描述了可能出现的实例。除了样本外,实际上实例不总是直接在模型中出现。如图 2-13 所示就是一个对象图。

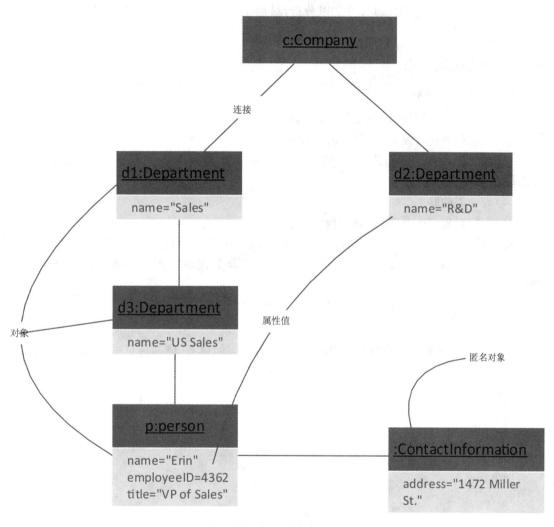

图 2-13 对象图

2.4　实例

在这里,我们将使用图书管理系统中的静态视图,建立系统的静态视图的过程是对系统领域问题及其解决方案的分析和设计的过程。静态视图设计的主要内容是类图的建立,也就是找出系统中类与类之间的联系,并加以分析,最后用视图表示出来。以"图书馆管理系统"为例来建立相应的静态视图。

2.4.1　建立类图步骤

建立类图的步骤如下:

(1)研究分析问题领域,确定系统的需求。

(2)发现对象和对象类,明确类的属性和操作。

(3)发现类之间的静态关系,一般与特殊关系,部分和整体关系,研究类之间的继承性和多态性。

(4)设计类的联系。

(5)绘制对象类图并书写相应说明。

从分析问题领域来涉及对象与类是比较常规的面向对象的系统分析方法,UML 采用 Rational 统一过程的 Use Case 驱动的分析方法,从业务领域得到参与者与用例,建立业务模型。

2.4.2　类的生成

整个图书管理系统的类数目众多,这里我们就只讲解读者、借阅信息和预留信息等来说明对象图的建立过程。

读者类的基本信息

名字

邮编

地址

城市

省份

借书

预留书籍

书籍类的基本信息

书名

作者

序列号

类型

2.4.3　使用 Rational Rose XDE 绘制类图

1. 从开始菜单打开"Rational Rose Enterprise Edition",弹出如图 2-14 所示的对话框。

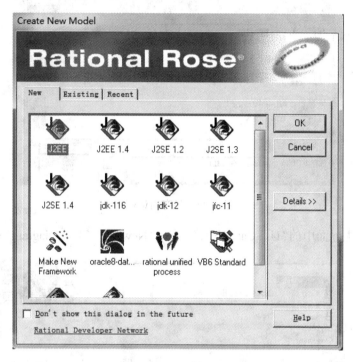

图 2-14　新建模型窗口

2. 在对话框中选择"J2EE",点击"OK",然后我们可以看到如图 2-15 所示界面。

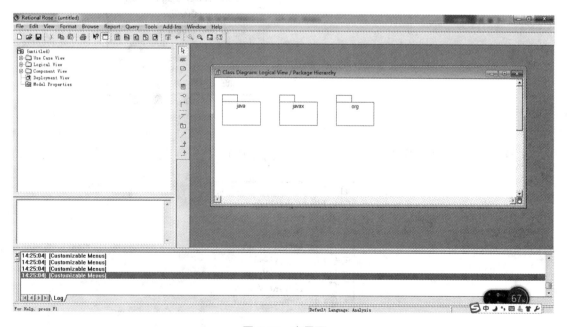

图 2-15　主界面

3. 选择菜单"File"→"Save As",弹出"Save As"对话框,输入 Models 名称,并保存(图 2-16)。

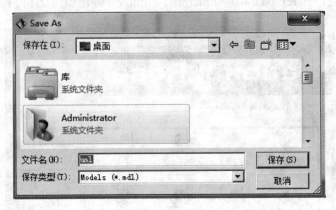

图 2-16　保存对话框

4. 右键单击主界面中的"Use Case View",选择"New"→"Class Diagram"(图 2-17)。

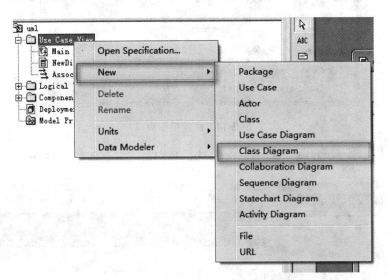

图 2-17　新建类视图

5. 这里我们将"类视图"名称修改为"Test"(图 2-18)。

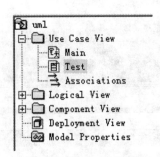

图 2-18　修改类视图名称

6. 双击类视图"Test",在右边会开启一个新的类视图工作区。然后在工具箱中选择"▤"拖到工作区,我们先创建一个类,如图 2-19 所示。

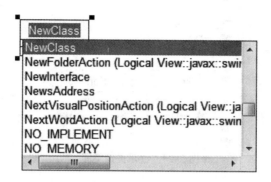

图 2-19　创建类

7. 把 NewClass 的名字改成 BrowserInformation,然后双击并添加方法 getBrowerInformation(),添加方法对话框如图 2-20 所示。

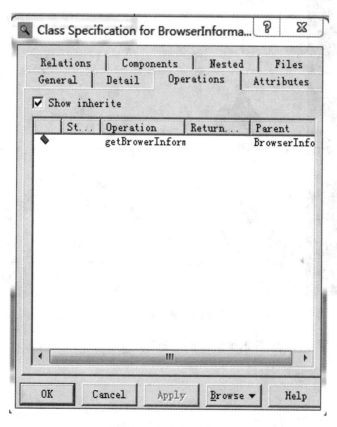

图 2-20　添加类的方法

8. 用同样的方法创建 Persistent 类,然后单击工具栏上的"⬆"图标,接着点击 Persistent 类,并延伸到 BrowserInformation,表明相互继承的关系。如图 2-21 所示。

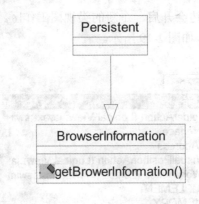

图 2-21　继承关系类图

2.4.4　使用 Microsoft Visio 2013 绘制类图

1. 从开始菜单打开"Microsoft Visio 2013"，弹出如图 2-22 所示对话框。

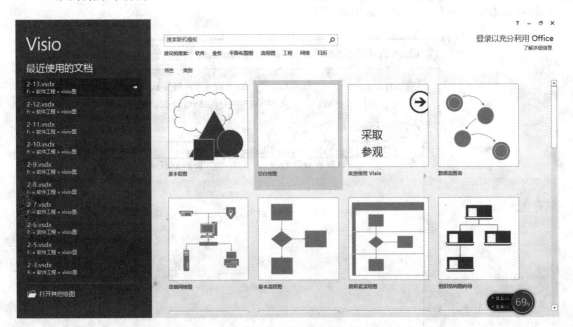

图 2-22　新建模型窗口

2. 在搜索栏中搜索"UML"，出现对话框（图 2-23）。

新建

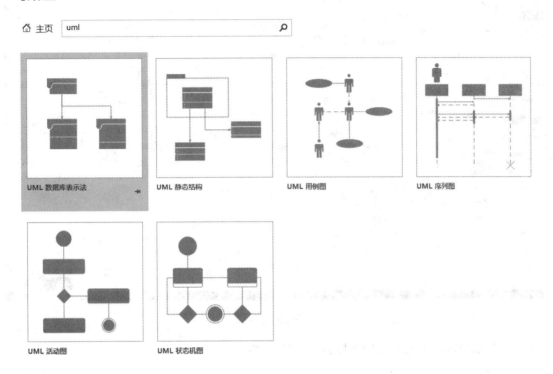

图 2-23　UML 图选择

3. 点击"UML 静态结构图"出现如图 2-24 所示对话框。

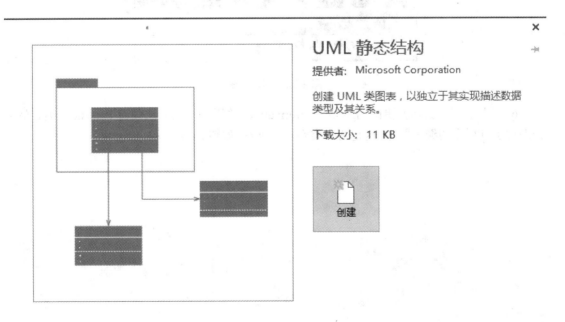

图 2-24　创建 UML 图界面

4. 点击"创建"按钮,我们看到如图 2-25 所示界面。

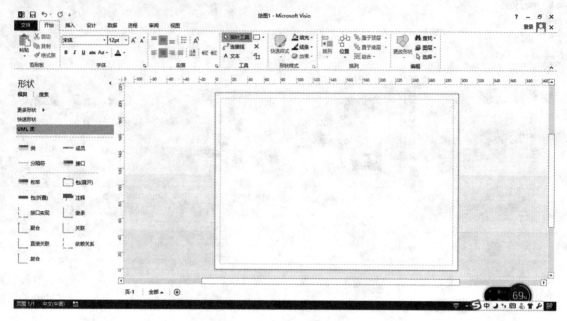

图 2-25　主界面

5. 开始制作类图,把左边的类拖到右边(图 2-26)。

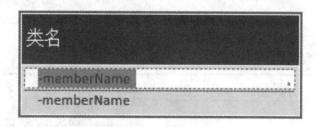

图 2-26　新建类图

6. 双击里面的类名并更改为 BrowerInformation,并用同样的方法创建 Persistent 类。然后把左边工具栏中的继承图标,这是两个类实现了继承,如图 2-27 所示。

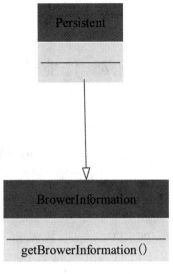

图 2-27 继承关系类图

2.5 小结

✓ 静态视图的关键是类元及它们之间的关系。

✓ 类是对一组相同属性、操作、关系和语义的对象的描述。

✓ 类在 UML 中由专门的图标表示，是分为 3 个分隔区的矩形，其中顶端的分隔区为类的名字，中间分隔区存放类的属性、属性的类型以及初始值，第三个分隔区放操作、操作的参数表和返回类型。

✓ 在类的关系中，最常用的 4 种分别为：依赖（Dependency）、泛化（Generalization）、关联（Association）、实现（Realization）。

2.6 英语角

Once we have a list of candidate classes, we can try to draw relationships between them. There are four possilble types of relationship:

● Inheritance: A subclass inherits all of the attributes and behavior of its superclass.

● Association: Objects of one class are associated with objects of another class.

● Aggregation: Stron association—an instance of one class is made up of instances of another class.

● Composition: Strong aggregation—the composed object can't be shared by other objects and dies with its composer.

2.7　作业

1. 类在 UML 中由专门的图形表示,是分为 3 个分隔区的矩形,其中顶端的分隔区为
_____,中间的分隔区存放类的_____,第三个分隔区放_____。

2. UML 类图中,_____符号表示 public 属性,_____符号表示 private,
_____符号表示 protected。

3. 请说出轮胎和汽车之间的关系

4. 在某个公司,其部门有手机、PC、TV 等部门,那么部门和公司的关系是什么? 该公司还
有一些产品如 21 寸 CRT 彩电、21 寸 LCD 彩电等,请为 TV 部门设计他们的产品。

5. 关联描述了对象的什么?

2.8　思考题

为了提高某公司对电脑零部件的管理,我们需要设计一个信息系统来对其进行管理,我们
来想想,该系统中应该有哪些对象,这些对象之间的关系是什么? 该系统中我们首先要对物品
分类:耗材、PC 配件、显示器、PC 等,在 PC 配件中我们还要分为 CPU、主板、内存等,PC 是由
PC 配件和显示器组成,请根据以上的分析,来设计该系统的类图。

2.9　学员回顾内容

类图中四种关系的区别和分别在什么情况下使用。

第3章 用例视图

学习目标

◇ 了解用例视图的作用。
◇ 理解如何识别用例。
◇ 理解用例间的关系。

课前准备

在网上查找关于用例视图的资料。

3.1 概述

画好用例图是软件需求到最终实现的第一步,在 UML 中用例图是对与系统、子系统或类的行为的可视化,以便使系统的用户更容易理解这些元素的途径,也便于软件开发人员最终实现这些元素。

实际上,当软件的用户开始定制某软件产品时,最先考虑的一定是该软件产品功能的合理性、使用的方便程度和软件的用户界面特征。软件产品的价值通常就是通过这些外部特性动态体现给用户,对于这些用户而言,系统是怎么被实现的、系统的内部结构如何不是它们所关心的内容。而 UML 的用例视图就是软件产品外部特性描述的功能和动态行为。因此对整个软件开发过程而言,用例图是至关重要,它的正确与否直接影响到用户对最终产品的满意程度。

UML 中的用例视图描述了一组用例、参与者以及它们之间的关系,因此用例视图包括以下 3 个方面内容:

● 用例
● 参与者
● 用例之间的关系

3.2　参与者

　　参与者（Actor，也成为角色）是系统外部的一个实体（可以是任何事物或人），它以某种方式参与了用例的实行过程。参与者通过向系统输入或请求系统参与某些事物来触发系统的执行。

　　参与者可以是人、另一个计算机系统或一些可运行的进程。在图 3-1 中，参与者用一个名字写在下面的小人表示。

Actor Name

图 3-1　参与者

　　所谓"与系统交互"指的是参与者向系统发送消息，从系统中接收消息，或是在系统中交换信息。只要使用用例，与系统互相交流的任何人或事都是参与者。比如，某人使用系统中提供的用例，则该人就是参与者；与系统进行通信（通过用例）的某种硬件设备也是参与者。

　　参与者是一个群体概念，代表的是一类能使用某个功能的人或事，参与者不单指某个个体。比如，在自动售货系统中，系统有售货、供货、提（取）销款等功能，启动售货功能的是人，那么人就是参与者，如果再把人具体化，则该人可以是张三（张三买矿泉水），也可以是李四（李四买可乐），但是张三和李四这些具体的个体对象不能称作参与者，事实上，一个具体的人（张三）在系统中可以具有多种不同的参与者。比如，上述的自动售货系统中张三既可以为售货机添加新物品（实行供货），也可以将售货机的钱提走（执行提取销售款）。通常系统会对参与者的行为有所约束，使其不能随便执行某些功能。比如，可以约束供货的人不能同时又是提取销售款的人，以免有舞弊行为。参与者都有名字，它的名字反映了该参与者的身份和行为（顾客），注意，不能将参与者的名字表示成参与者的某个实例（张三），也不能表示成参与者所需完成的功能（售货）。

　　参与者与系统进行通信的收、发信息机制，与面向对象编程中的消息机制很像。参与者是启动用例的前提条件，又称为刺激物（Stimulus）。参与者现发送消息给用例，初始化用例后，用例开始执行，在执行过程中，该用例也可能向一个或多个参与者发送消息（可以是其他角色,也可以是初始化该用例的参与者)。

参与者可以分为几个等级。主要参与者是执行系统主要功能的参与者,比如在保险系统中主要参与者是能够行驶注册和管理保险大权的参与者。次要参与者(Secondary Actor)指的是使用系统的次要功能的参与者,次要功能是指一般完成维护系统的功能(管理数据库、通信、备份等)。比如,在保险系统中,能够检索该公司的一些基本统计书籍的管理者或会员都属次要参与者。将参与者分级的主要目的,保证把系统的所有功能表示出来。而主要功能是使用系统的参与者最关心的部分。

参与者也可以分成主动参与者和被动参与者,主动参与者可以初始化用例,而被动参与者则不行,仅仅参与一个或多个用例,在某个时刻与用例通信。

在获取用例前要确定系统的参与者,可以根据以下问题来寻找系统的参与者:

- 谁或什么使用该系统
- 交互时,它们扮演什么角色
- 谁安装系统
- 谁启动和关闭系统
- 谁维护系统
- 与该系统交互的是什么系统
- 谁从系统获取信息
- 谁提供信息给系统
- 有什么事情发生在固定的事件

在建模参与者过程中,记住以下要点:

(1)参与者对于系统而言总是外部的,因此它们在你的控制之外。

(2)参与者直接同系统交互,这可以帮助定义系统边境。

(3)参与者表示人和事物与系统发生交互时所扮演的角色,而不是特定的人或者特定的事物。

(4)一个人或事物在与系统发生交互时,可以同时或不同时扮演多个角色。例如,某研究生担任某教授的助教,同职业的角度看,它扮演了两个角色——学生和助教。

(5)每一个参与者需要有一个具有业务一样的名字,在建模中,不推荐使用诸如 NewActor 这样的名字。

(6)每个参与者必须有简短的描述,从业务角度描述参与者是什么。

(7)像类一样,参与者必须有简短的描述,表示参与者属性和它可接受的事件。一般情况下,这种分类使用并不多,很少显示在用例图中。

3.3　用例图

用例是一个叙述型的文档,用来描述参与者使用系统完成某个事件的事情发生顺序。不能管理系统的使用过程,更确切地说,用例不是需要或者功能规格说明,但用例也展示和体现了其所描述的过程中的需求情况。

图形上的用例用一个椭圆来表示,用例的名字可以书写在椭圆的内部或下方。用例的 UML 图标。如图 3-2 所示。

图 3-2　用例图

每个用例都必须有一个唯一的名字以区别其他用例。用例的名字是一个字符串,它包括简单名和路径名。图 3-2 所示的用例是简单名。

3.3.1　识别用例

我们在一开始就已经说明用例图对整个系统建模过程中的重要性,在绘制系统那个用例前,还有很多工作要做。系统分析者必须分析系统的参与者,这对完善整个系统建模很有帮助。用例建模的过程就是迭代和逐步精华的过程,系统分析师从用例的名称开始,然后开始添加用例细节信息。这些信息由初始简短描述组成,它们被细化成完整的规格说明。

在识别用例的过程用,通过以下的几个问题可以帮助识别用例:

(1)特定参与者希望系统提供什么功能;

(2)系统是否储存检索信息,如果是,这个行为由哪个参与者触发;

(3)当系统改变状态时,通知参与者吗;

(4)存在影响系统的外部事件吗;

(5)是哪个参与者通知系统这些事件。

3.3.2　用例间的关系

用例除了与参与者发生关联外,还可以参与系统中的多个关系,这些关系包括:泛化关系、包含关系和扩充关系。应用这些关系是为了抽出系统的公共行为和变种。表 3-1 列出了这些关系以及它们的表示方法。

表 3-1　用列关系表

关联	功能	表示法
关联	参与者与其参与执行的用例之间的通信途径	
扩展	在基础用例上插入基础用例不能说明的扩展 <<extend>> 部分	---------------------------->
用例泛化	用例之间的一般和特殊关系,其中特殊用例继承了一般用例的特性并增加了新的特性	
包括	在基础用例上插入附加行为,并且具有明确 <<include>> 的描述	---------------------------->

用例用一个椭圆表示,用例和它通信的参与者之间用实线链接,如图 3-3 所示。

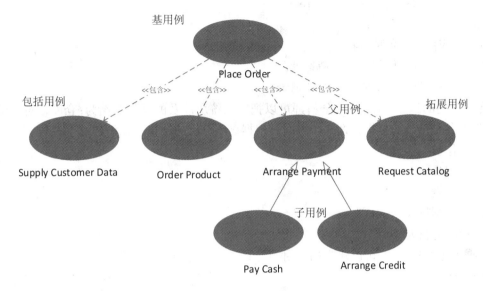

图 3-3　用例间关系

　　虽然每个用例都是独立的,但是一个用例可以用其他的更简单的用例来描述。这有点像一个类可以通过继承它的超类并增加附加描述来定义。一个用例可以简单地包含其他用例具有的行为,并把它所包含的用例行为作为自身行为的一部分,这被称作包含关系。在这种情况下,新用例不是初始用例的一个特殊例子,而且不能被初始用例代替。

　　一个用例也可以被定义为基用例的增量扩展,这叫做扩展关系,同一个基用例的几个扩展用例可以在一起应用。基用例的扩展增加了原有的语义,此时是本用例而不是扩展用例被作为例子使用。

　　包含和扩展关系可以用含有关键字 <<include>> 和 <<extend>> 的带箭头的虚线表示。包含关系箭头指向被包含的用例,扩展关系箭头指向被扩展的用例。

　　一个用例也可以被特别举例为一个或多个子用例,这被称作用例泛化。当父用例能够被使用时,任何子用例也可以被使用。

　　用例泛化与其他泛化关系的表示法相同,都用一个三角箭头从子用例指向父用例。图 3-3 表示了销售中的用例关系。

3.4　实例

　　我们先来分析某仓库管理信息系统的用例模型。通过与系统用户的沟通,需求分析师可以把该软件系统要实现的功能归结为以下几个问题:

　　(1)购买的商品入库;

　　(2)将积压的商品退给供给商;

（3）将商品移动到销售部门；

（4）销售部门将商品移送到仓库；

（5）管理员盘点仓库；

（6）供应商提供各种货物；

（7）用户查询销售部门的营销记录；

（8）用户查询仓库中所有的变动记录。

通过上述的这些问题,需求分析师可以把本系统所涉及的操作归结为:仓库信息的管理、维护、以及各种信息的分析查询 3 个方面。根据这些分析的结果可以创建以下参与者:

✧ 操作员

✧ 管理员

✧ 商品供应商

✧ 商品领料人

✧ 商品退料人

根据上述的参与者,可以建立如下用例:

■ 仓库进货

■ 仓库退货

■ 仓库领料

■ 仓库退料

■ 商品调拨

■ 仓库盘点

■ 库存查询

■ 业务分析

■ 仓库历史记录查询

■ 供应商信息维护

■ 仓库信息维护

■ 用户管理

接着,我们就要判断,哪些参与者能够使用哪些用例,然后对它们进行分类。

1. 操作员用例

■ 仓库进货

■ 仓库退货

■ 仓库领料

■ 仓库退料

■ 商品调拨

■ 用户管理

2. 管理员用例

■ 仓库进货

■ 仓库退货

■ 商品调拨

■ 仓库盘点

- 库存查询
- 业务分析
- 仓库历史记录查询
- 供应商信息维护
- 仓库信息维护
- 用户管理

3. 商品供应商用例

- 仓库进货
- 仓库退货

4. 商品领料人用例

- 仓库领料

5. 商品退料人用例

- 仓库退料

这样我们就可以根据以上的分析画出仓库管理系统的用例图,在这里我们使用 Microsoft Visio 2013 工具来画用例图

1. 打开 Microsoft Visio 2013 软件,新建"UML 用例图",如图 3-4 所示。

图 3-4　创建用例视图

2. 在工具栏中,选中"用例",拖到工作区,并修改其名字,然后再选中"参与者",拖到工作

区,修改名字,我们使用"└→"把"用例"和"参与者"连接起来,然后选中"└→",如图 3-5 所示。

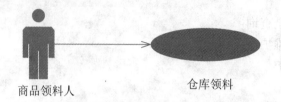

图 3-5　修改用例名称

3. 最后我们添加其他的用例和参与者,最终结果如图 3-6 所示。

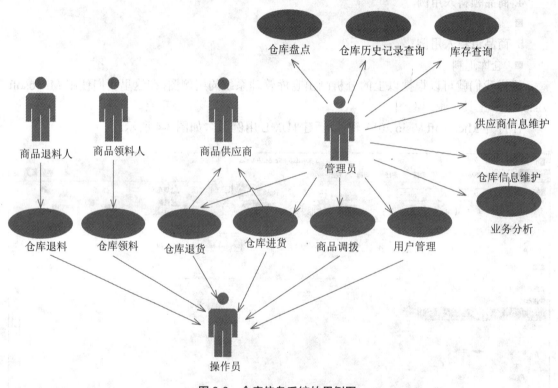

图 3-6　仓库信息系统的用例图

3.5　小结

✓　在 UML 中用例图用于对系统、子系统或类的行为的可视化,以便使系统的用户更容易理解这些元素的用途,也便于软件开发人员最终实现这些元素。

✓　参与者是系统外部的一个实体,它以某种方式参与了用例的执行过程。

✓　图形上的用例用一个椭圆来表示,用例的名字可以书写在椭圆的内部或下方。

✓　用例除了与其参与者发生关联外,还可以参与系统中的多个关系,这些关系包括:泛化关系、包含关系和扩充关系。

3.6　英语角

A use case starts with a participant called an actor, it then descends into the business or the system and eventually returns to the actor. The effect of each use case should be of value to the actor (otherwise, why would they initiate it in the first place?).Of course, value can mean different thing to different people, it could be some information that the actor wishes to retrieve some effect that the actor wishes to have on the system, some money a purchase or pretty much anything else that might motivate them. Being driven by use cases, far from sending us down the traditional path, actually helps us to find objects, attributes and operations.

3.7　作业

1. 在一个 ATM 机上, 会有哪些参与者？
2. 用例图可以表示系统的_____。
3. 参与者之间的关系是_____。

3.8　思考题

为某银行的 ATM 机设计一个用例图：顾客需要到 ATM 机上插入自己的银行卡,然后输入密码,如果密码正确的话,可以查看资金也可以取钱。银行管理员可以对 ATM 机进行管理操作。

3.9　学员回顾内容

请说说用例图在项目开发中的用处,以及如何使用。

第 4 章　动态视图

学习目标

　　◇ 了解动态视图包含哪些内容。
　　◇ 理解时序图的作用。
　　◇ 理解活动图的作用。

课前准备

　　在网上查找关于动态视图的内容。

　　在建好系统静态模型的基础上,需要进一步分析和设计系统的动态结构,并且建立相应的动态模型。动态模型描述了系统随时间变化的行为,这些行为是用从静态视图中抽取系统的瞬间值的变化来描述。在 UML 中,动态模型主要是建立系统的交互图和行为图。交互图包括时序图和协作图;行为图则包括状态图和活动图。这四个图均可以用于系统动态建模,但他们各自的侧重点不同,目的也不同。在这里我们主要讲解时序图和活动图。

4.1　时序图

4.1.1　时序图的概念和内容

　　交互图(Interaction Diagram)描述了一个交互,它由一组对象和它们之间的关系组成,并且还包括在对象中传递的信息。时序图(Sequence Diagram)也作顺序图,是强调消息时间顺序的交互图,时序图描述类系统中类和类之间的交互,他将这些交互建模成消息交换,也就是说,时序图描述了类和类之间的交换,以完成期望行为的消息。

　　在 UML 中,图形上参与交互的各对象在时序图的顶端水平排列,每个对象的顶端都绘制了一条垂直虚线。当一个对象向另一个对象发送消息时,此消息开始于发送对象底部虚线,终止于接受对象底部的虚线,这些消息用箭头表示,对象收到信息后,此对象把消息当执行某种动作的命令,因此可以这样理解,时序图向 UML 用户提供了时间流随时间的推移。清晰的和可视化的轨迹,如图 4-1 所示。

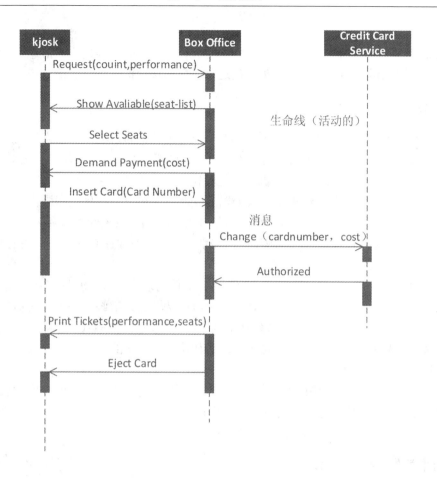

图 4-1　时序图

　　图 4-1 描述购票这个用例的时序图。顾客在公共电话亭与售票处通话出发了这个用例的执行,时序图中付款这个用例包括售票处与公共电话亭和信用卡服务处的两个通信过程。这个时序图用于系统开发初期,未包括完整的与用户之间的接口信息,例如,座位是怎样排列的,对各类作为的详细说明都还没有确定,尽管如此,交互的过程中,最基本的通信已经在这个用例的时序图中表达出来。

　　我们可以看到时序图中包括以下元素:类角色、生命线、激活期和消息。

　　(1)类角色

　　类角色代表时序图的对象在交互中所扮演的角色。如图 4-1 所示,位于时序图顶部的对象代表类角色。类角色一般代表实际的对象。

　　(2)生命线

　　生命线代表时序图中的对象在一段时间内存在,如图 4-1 所示,每个对象底部中心都是一条垂直的虚线,这就是对象的生命线,对象间的消息存于两条虚线间。

　　(3)激活期

　　激活期代表时序图中的对象执行一项操作的时期,如图 4-1 所示每条生命线上窄的矩形代表激活期,激活期可以被理解成 Java 语言语意中一对花括号中的内容。

（4）消息

消息是定义交互和协作中交换信息的类,用于对实体间的内容建模。信息用于在实体间传递信息,允许实体请求其他的服务,类角色通过发送和接受信息进行通信。

4.1.2 时序图的用途

时序图强调按时间展开的消息传达,这在一个用例脚本的语境中对动态行为的可视化非常有效。时序图的一个用途是用来表示用例中的行为顺序,当执行一个用例行为时,时序图中的每条消息对应了一个类操作或状态机中一起转换的触发事件。

UML 的交互图用于对系统的动态行为建模,交互图又可分为时序图和协作图。

时序图用于描述对象间的交互时间顺序,协作图用于描述对象间的交互关系。那么,这两者在特性上有什么区别,以致他们的用途有所差别。以下是时序图有别于协作图的特性:

（1）时序图有生命线

生命线代表一个对象在一段时期内的存在,正是因为这个特性,使时序图适合展现对象之间消息传递的时间顺序。一般状况下,对象的生命线从图的顶部画到底部。这白色的对象存在于交互的整个过程。但对象也可以交互中创建和撤销,它的生命线从接收到"Create"消息开始到接受到"Destroy"的消息结束,这一点是协作图所不具备的。

（2）时序图有激活期

激活期代表一个对象直接或间接的执行一个动作的事件,激活矩形的角度代表激活持续时间,时序图的这个特性可视化地描述了对象执行的一项操作的时间,显然这个特性使系统间对象的交互更容易被理解。这也是协作图所不能提供的。

4.1.3 时序图的建模技术

对系统动态行为建模,强调按时间展开信息的传送时,一般使用的是时序图。但单独的时序图只能显示一个控制,一般来说,一个完整的控制流肯定是复杂的,因此可以新建许多交互图（包括若干时序图和交互图）,一些图是主要的,另一些图用来描述可选择的路径和一些例外,再用一个包对它们进行统一的管理。这样就可应用一些交互图来描述一个庞大复杂的控制流。

使用时序图对系统建模时,可以遵循如下策略。

（1）设置交互的语境。这些语境可以是系统、子系统、操作、用例和协作的一个脚本。

（2）通知识别对象在交互中扮演的角色。根据对象的重要性,将其从左向右的方向放在时序图中。

（3）设置每个对象的生命线,一般情况下对象存在于交互的整个过程,但它们也可以在交互过程中创建和撤销。

（4）从引发某个交互的信息开始,在生命线之间按从上向下的顺序画出随后的消息。

（5）设置对象的激活期,这可以可视化,实际计算发生的时间点,可视化消息的嵌套。

（6）如果需要设置时间或空间的约束,可以为每个消息附上合适的时间和空间约束。

（7）给控制流的每个消息附上前置或后置条件,或者可以更详细的控制这个控制流。

4.2　协作图

协作图对在一次交互中有意义的对象和对象间的链建模。对象和关系只有在交互的时候才有意义。类元角色描述了一个对象。关联角色描述了协作关系中的一个链。协作图用几何排列来表示交互作用的各个角色（图 4-2），附在类元角色上的箭头代表消息。消息的顺序用消息箭头处的编号来说明。

协作图的一个用途是表示一个类的操作实现。协作图可以说明类操作中用到的参数和局部变量以及操作中的永久链。当实现一个行为时，消息编号对应了程序中的嵌套调用结构和信号传递过程。

图 4-2 是开发过程后期订票交互的协作图。

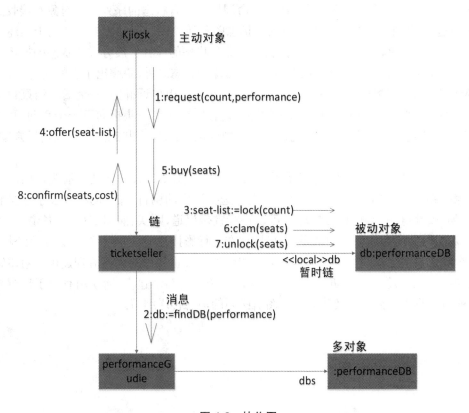

图 4-2　协作图

图 4-2 表示了订票涉及的各个对象间的交互关系。请求从公用电话亭触发，要求从所有的演出中查找某次演出的资料。返回给 ticketseller 对象的指针 db 代表了与某次演出资料的局部暂时链接，这个链接在交互过程中保持，交互结束时丢弃，售票方准备了许多演出的票；顾客在各种价位做一次选择，锁定所选座位，售票员将顾客的选择返回给公用电话亭。当顾客在座位表中做出选择后，所选座位被声明，其余座位解锁。

时序图和协作图都可以表示个对象间的交互关系,但它们的侧重点不同。时序图用消息的几何排列关系来表达消息的时间顺序,各角色之间的相关关系是隐含的。协作图用各个角色的几何排列图形来表示角色间的关系,并用消息来说明这些关系。在实际中,可以根据需要选用这两种图。

4.3 活动图

活动图是 UML 中描述系统动态行为的图之一。它用于展现行为的类的活动或动作。活动是在状态机中一个非原子的执行。它由一系列的动作组成,动作由可知性的原子计算组成。这些计算能够使系统的状态发生变化或返回一个值。

状态机是展示状态与状态转换的图。通常一个状态机器依附于一个类。并且描述一个类的实例。状态机包含了一个类的对象在其生命周期间所有状态的序列以及对象对接收到事物的反应,状态机有两种可视化的方式分别是状态图和活动图。活动图被设计用于描述一个过程或操作的工作步骤,从这个方面理解,它可以算是状态的一种扩展方式。状态图描述一个对象的状态以及状态的改变。而活动图突出描述对象的状态之外,更突出了它的活动。

UML 中,活动图里的活动,用圆角矩形表示,看上去更接近椭圆,一个活动结束自动引发下一个活动。则两个活动之间用带箭头的连线链接。连线的箭头指向下一个活动,和状态图相同,活动图的起点可以用实心圆表示。终点用半实心圆表示。状态图中可以包括判定、分叉和联结。

图 4-3 是售票处的活动图,它表示了上演一个剧目所要进行的活动。箭头说明活动间的顺序依赖关系——例如,在规划进度前,首先要选择演出的剧目,加粗的横线表示分叉和结合控制,例如:安排好整个剧目的进度后,可以进行宣传报道、购买、雇佣演员、准备道具、设计照明、加工戏服等。所有这些活动都要同时进行,在进行彩排之前,剧本和演员必须已经具备。

这个实例说明了活动图的用途是对人类组织的现实世界中的工作流程建模。对事物建模是活动图的主要用途。当活动图也可以对软件系统中的活动建模,活动图有助于理解系统高层活动的执行行为。而不涉及建立协作图所必须的消息传送细节。

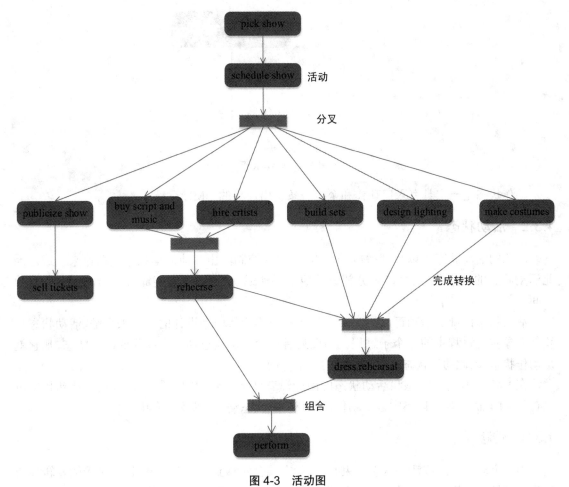

图 4-3　活动图

4.3.1　动作状态

　　活动图保证动作状态和活动状态,对象的动作状态是活动图最小单位的构造块。表示原子动作。UML 中动作状态是为执行指定动作的,并在此动作完成后通过完成变迁转向另一个障碍而设置的状态。这里所指出的动作有三个特点。

- 原子性的,即不能被分解成更小的部分;
- 不可中断的,即一开始就必须运行到结束;
- 瞬时的,即动作状态所占用的处理时间通常是极短的甚至是可以被忽略的。

　　动作状态表示状态的入口动作,入口动作是在状态被激活的时候执行的动作,在活动状态机中,动作状态所对应的动作就是此状态的入口动作。

　　在 UML 中,动作状态是用带圆端的方框表示,如图 4-4 所示。动作状态所表达的动作就写在圆端方框内,建模人员可以使用文本来描述动作,它应该是动词或者是动词短语。因为动作状态表示某些行为。

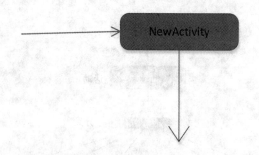

图 4-4　动作状态

动作状态是一定具有入口动作和至少一条引出迁移的 UML 符号。

4.3.2　活动状态

对象的活动状态可以被理解成一个组合,它的控制流由其他活动状态或动作来组成。因此活动状态的特点是:它可以被分解成其他子活动或动作状态,它能够被中断。占有有限的时间。

活动状态内部的活动可以用另一个状态机描述。从程序设计的角度来理解,活动状态是软件对象实现过程中的一个子过程。如果某活动状态是只包括一个动作的活动状态,那它就是动作状态,因此动作状态是活动状态的一个特例。

在 UML 中,动作状态和活动状态的图标没有什么区别,都是圆端方框,只是活动状态可以有附加的部分,如可以指定入口动作,出口动作,状态动作,以及内嵌状态机。

4.3.3　转移

当一个动作状态或活动状态结束时,该状态就会转移到下一个状态,这就是无触发转移或称为自动转移。无触发转移实际上是没有任何特定的事件触发的转移,即当状态结束工作时就自动的发生转移。

活动图开始于初始状态,然后自动转移到第一个动作状态,一旦该状态所说明的工作结束,控制就会自动延迟转换到下一个动作或活动状态,并以此不断的重复,直到遇到一个通知状态为止,与状态图相同,活动图的初始状况也是用一个实心球表示,终止状态使用一个半实心球表示,具体的转移模式如图 4-5 所示。

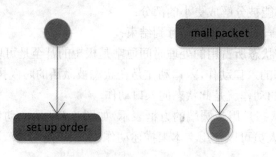

图 4-5　转移

4.3.4　分支

在软件系统的流程图中,分支十分常见,他描述了软件对象在不同的判断结果下所指向的不同的动作,在 UML 中,活动图也提供了这种程序结构的建模元素。这被称为分支。分支是状态机的一个建模元素,他表示一个触发事件在不同的触发条件下引起的多个不同的转移。

活动图中的分支用一个菱形表示。分支可有一个进入转换和两个或多个输出转换。在每条输出转换上都有监护条件表达式(即一个布尔表达式)保护,当且仅当监护表达式的值为真时,该输出路径才有效。在所有的输出路径转换中,其监护条件不能重叠。而且他们应该覆盖所有的可能性。例如:i>1 和 i<1 这两个分支没有覆盖所有可能性,当 i=1 时,控制流可能被冻结,即无法选择适当的输出路径。为了方便起见,可以使用关键字 else 来标记一个离去的转换,他表示其他监护人条件都不为真时的路径。这样,就不会出现监护条件没有覆盖所有可能性的错误。

在活动图中引入了分支后,就可以用它来描述其他的程序结构,如图 4-6 所示。

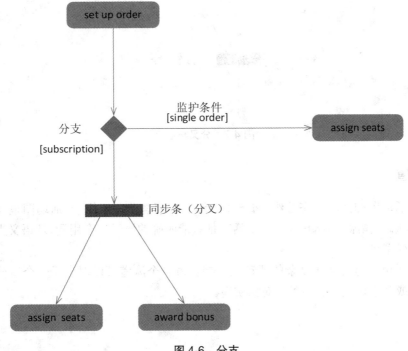

图 4-6　分支

4.3.5　分叉和汇合

建模过程中可能会遇到对象在运行时存在两个或多个并发运行的控制流,在 UML 中,可以使用分叉把路径分成两个或多个并发流,然后使用结合,同步这些并发流。

一个分叉表示把一个控制流分解成两个或多个并发运行的控制流,也就是说分叉可以由一个输入转换成两个或多个输出转换,每个转换都是独立的控制流。从概念上说,分叉的每一份控制流都是并发的,但实际中,这些流可以是真正的并发,也可是时序或交替的。

汇合代表两个或多个并发控制流同步发生,当所有的控制流都达到汇合点后,控制才能继续进行下去,一个汇合可以有两个或多个输入转换和一个输出转换。

图形上,分叉和汇合都使用同步条表示,同步条是一条粗的水平线,如图 4-7 所示。

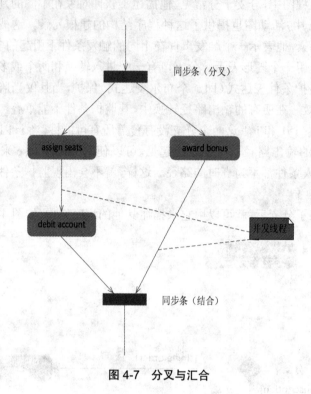

图 4-7　分叉与汇合

4.3.6　泳道

泳道将活动图的活动状态分组,每一组表示负责哪些业务组织,在活动图里,泳道区分了活动的不同状态,在泳道活动中,每一个活动都只能明确的属于一个用到,从语义上,泳道可以理解为一个模型包。

泳道可以用于建模某些复杂的活动图,这时,每一个泳道可以对应于一个协同,其中活动可以由一个或多个相互链接的类的对象实现。

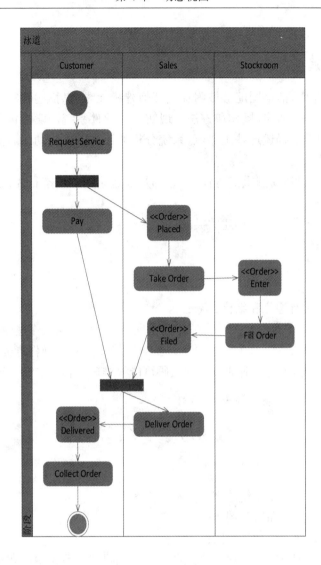

图 4-8　泳通图

4.3.7　活动图的用途

活动图用于为系统的动态行为建模,它是状态机的一种可视化形式,另一种可视化形式是状态图,活动图描述了从活动到活动的流,活动是状态机中进行的非原子操作,活动图实际上是状态图的特殊形式,他的每个状态都具有入口的动作,用以说明进入该状态发生的操作。

在对一个系统建模时,通常有两种使用活动图的方式:

(1)为工业流建模

对工业流建模强调与系统进行交互的对象所观察到的活动,工作流一般出于系统的边界,用于可视化、详述、构造和文档化开发系统所设计的业务流程。

(2)为对象的操作建模

活动图本质上就是流程图,它描述系统的活动、判定点和分支等部分,因此,在 UML 中,可以把活动图作为流程图来使用，用于系统的操作建模。

4.3.8　活动图的建模技术

在系统建模过程中，活动图能够被附加到任何建模元素，以描述其行为，这些元素包括用例、类、接口、组件、节点、协作、操作和方法。现实中的软件系统一般都包含了许多类，以及复杂的业务过程，以便重点描述这些工作流，系统分析师还可以用活动图对操作建模，用以重点描述系统的流程。

无论在建模过程中活动图重点是什么，它都是描述系统的动态行为，在建模过程中，读者可以参照以下步骤进行：

（1）识别要对其工作流进行描述的类；

（2）对动态状态建模；

（3）对动作流建模；

（4）对对象流建模；

（5）对建模结果进行净化和细化。

虽然可以使用活动图对每一个操作建立流程图（即为对象的操作建模），但实际应用中却很少这么做，因为使用编程语言来表达更为便捷和直接。只有当操作行为非常复杂时采用活动图来描述操作的内容，因此这时通过阅读代码可能很难理解相应的操作过程。

4.4　小结

- ✓ 动态模型主要是建立系统的交互图和行为图；
- ✓ 交互图包括时序图和协作图；
- ✓ 行为图则包括状态图和活动图；
- ✓ 时序图是强调消息时间顺序的交互图。时序图描述类系统中类和类之间的交互，他将这些交互建模成消息交换；
- ✓ 时序图中包括：类角色、生命线、激活期和消息等元素；
- ✓ 协作图是对在一次交互中有意义的对象和对象之间的链建模；
- ✓ 活动图是 UML 中描述系统状态行为的图之一，它用于展现参与行为的类的活动或动作；
- ✓ 泳道将活动图的活动状态分组，每一组表示负责哪些业务组织。

4.5　英语角

A sequence diagram shows elements as they interact over time, showing an interaction or interaction instance. Sequence diagrams are organized along two axis the horizontal axis shows the elements that are involved in the interaction and the vertical axis represents time proceeding down the page. The elements on the horizontal axis may appear in any order.

4.6 作业

1. 什么图可以表示一个类操作的实现？
2. 时序图的用途是什么？
3. 使用什么图可以为业务流程建模？
4. 活动图中泳道有什么作用？

4.7 思考题

请根据 ATM 机的操作，画出其活动图。

4.8 学员回顾内容

活动图的作用，并请使用实例来演示其用法。

第 5 章 项目管理

学习目标

◇ 了解管理的意义。
◇ 理解管理中的多个过程。
◇ 理解计划和控制在项目管理中的重要性。

课前准备

查看一些有关项目管理方面的资料。

5.1 管理的意义

对企业而言生存与发展需要"三分技术,七分管理"。做一个程序员有没有必要的学习管理学? 对于很多初学者编程的人来说,编程就是语言、就是技术,可是大家看看现在的软件公司人员结构,就会发现软件公司不是单一的程序员角色,除了程序员之外还有高级程序员、系统分析员、项目组长、项目经理、技术总监、文档管理员、配置管理员等,如图 5-1 所示。我们可以看出,软件公司中核心员工需要拥有两类知识:管理知识和技术知识,例如:项目经理必须具备一定的专业技术水平,同时又要具备一定的管理能力和经验,而不是单纯的管理或单纯的技术。假如我们项目经理只懂管理不懂技术那么他如何和计算机软件的开发特点的结合呢? 假如我们的项目经理只懂技术不懂管理,他又如何进行开发过程的控制呢? 在当今的高科技企业越来越多的要求核心员工需要懂技术又要懂管理,没有技术作为基础的管理的高科技企业不会是有效的管理,同样只有技术没有管理也是一种可怕的局面,没有良好的统筹安排、协作调度,没有合理有效的控制就没有良好的过程,没有良好的过程也就不可能又好的结果。在我国,技术人员尤其是程序员更多的关注的技术的学习,而忽视了管理知识的学习。有调查显示我国程序员的知识结构太偏向技术,由此产生了一系列的问题:找一个项目组长难,找一个好的项目组长更难,合格的项目经理少之又少。在这样一种背景下,软件工程的时间问题、质量问题、成本问题非常突出的表现了出来,分工不专业,规范不到位,沟通不顺畅。

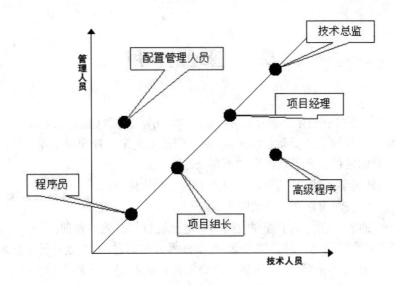

图 5-1　核心员工架构图

　　由此可以看出,程序员应该既懂技术又懂一部分管理,在分工日益专业的今天没有严格的工作规范是不可能有良好的协作和良好的产品质量的,而且开发团队也不可能是一个有效的团队。

5.2　管理的定义

　　什么是管理? 这是学习管理学首先要明白的问题。管理可以有很多角度的定义,一般而言,我们可以把管理理解成领导也可以理解为决策还可以理解为协调组织。对于我们软件技术人员而言,我们应更多的理解和强调管理在软件开发中的作用,通过学习管理学,能在以后的软件企业工作中理解组织形式、制度建设、岗位设置、工作职能、计划安排、时间进度、质量管理、成本控制的重要意义,养成自觉的遵守岗位规范、企业制度的习惯、形成时间观念和成本意识。高效率的、出色的完成任务。

　　管理的定义:管理是通过有效地计划、组织、控制、激励和领导等活动来协调人、财、物的配置已达到更好的组织目标的过程。计划包括调查研究和分析、预测、确定目标、制定目标实现的具体步骤。组织包括建立组织机构和沟通渠道。控制是为了确保实现工作目标而制定和执行的各种检查标准以及为纠正偏差而制定新计划的活动。激励和领导主要涉及是组织中人的问题,要分析和研究人的动机和行为,激励是期望调动他们的工作积极性,领导是通过解决组织中的矛盾以达到信息渠道畅通无阻而进行的活动。

5.3　管理的作用

在现代西方经济学中生存要素包括：土地、资本、劳动、管理（企业家才能）；管理作为高级生产要素，主要是把其他生产要素组织起来，使它们活动起来。管理对企业的作用就像软件对硬件的作用，再好的硬件离开了软件也动不起来。

管理是一门软科学，它同时具有科学和艺术两方面的特点。

● 科学的一面表现为它真实的放映了客观规律。

● 艺术的一面表现在背熟了管理规则不一定能够进行有效的管理。

管理知识更多推崇的是一种管理理念，对于技术人员而言，能有效地促进技术人员理解企业制度、理解岗位规范的必要性；能理解专业分工协作的前提条件和重要性；能在大的项目中有序的展开工作；时时刻刻用时间、成本、质量在衡量自己的工作，找不出不足加以改进以提高个体工作效率，理解他人充分合作以提高团队工作效率。让软件在开发在和谐的环境高效率的组织中顺利的开展。

我们学习管理学的目的不是让大家记忆和背诵管理原则，而希望大家通过管理学学习掌握一定的管理的常识，能在工作中更好的理解组织的安排岗位的规范，企业的制度，合作和分工的必要性与必然性，另外，是希望大家掌握一定的管理学方法能在自己的日常生活中应用，提高自己认识问题、分析问题、解决问题、处理问题的技巧，增强自己在时间管理、方法创新、计划工作的能力。

5.4　管理的原则

（1）统一领导和指挥。作为一个组织应该有统一的领导和统一的指挥，严禁越级指挥。如果一个组织存在两个领导，一个部门存在两个指挥，这样的组织应该是一个混乱、缺乏竞争力的组织。在这样一个组织中谈不到效率，谈不到公平，更谈不到纪律、秩序以及责任与权利的对等，只有混乱。

（2）制度与纪律。我国古人有句话叫"无法无天"，这里的天是什么？就是大自然、大自然的规律，在古人看来法就像天一样应该敬畏。对企业而言企业的制度就是企业的天就是企业的法，上至总经理下至一般职员，每个员工都应该遵守。天不会为谁晨，为谁昏，为谁阴，为谁晴，所以天是公平的、值得敬畏的。同样制度与纪律也不应该因人而异的"灵活变通"，才能产生敬畏，使得大家自觉地遵守。

（3）权利与责任。权利与责任是对等的、互为因果的，有权利就应该有责任。权利意味着责任，责任关联着权利；有多大的权利就应该有多大的责任，权利之外的责任不能承担。

（4）公平原则。我们每一个人都希望得到公平的对待，只有公平，我们才会感到归属感，才愿意为组织付出。管理人员应该意识到企业的员工都期望平等和公平。

5.5　一般化管理

一般化管理是管理中一般都要涉及的一个基本活动。管理的基本流程:计划、执行、控制、激励;组织、领导。在这里我们把管理的基本流程要素分成两组,计划、执行、控制、激励是最基本的管理活动,是部门经理级的管理活动;组织、领导是企业高层的管理活动。

作为部门经理主要的任务是过程管理。而任何一个过程的开始必须是计划工作,计划工作做的好与差,能反应一个部门的水平,没有一个非常好的切实可行的计划,什么都将成为空话,大可以想一想任何一件复杂的事情如果不做规划就开始展开工作,里面潜伏的风险又多大? 是什么风险? 危害又多大? 又没有把风险降到最低的备用的方案? 完成工作怎样的成本? 成本的分布? 多少人工? 人员如何协作,如何分工? 多长时间能完成? 如果有这么多的悬而未觉的问题,我们就展开工作,对于完成工作需要的资源、时间、金钱、人员有没有一个合理的准确的估算,我们能不能拍拍脑袋就说不会造成浪费,我们能不能说我们的执行力没有问题?

其实管理依赖的重要工作就是计划,没有计划成本控制、进度控制、质量控制都将出一句空话,根本没有实施的基础和条件,同时没有计划的组织谈不到执行力的问题,连计划都没有你执行什么! 只有有了良好的、确实可行的计划,我们执行的有了方向可考虑如何提高执行效率,加强执行力度。

让我们谈一谈控制,控制有时也称为反馈,是指监督、检查和计划修订。为了保证过程我们必须加强各环节的控制和监督,及时的发现问题,解决问题,纠正与计划的偏差,进而顺利的完成计划目标:天下唯一不变的事情就是变化,在计划的执行过程中条件和环境发生了变化,我们必须及时的修订我们的计划,以适应变化了的环境从而确保计划的可执行性。现在举个例子:导弹是现代战场的常规武器,当导弹发射时是锁定目标的,但是目标可能是会运动的,那么导弹如何来跟踪目标? 可以借助雷达系统随时调整自己的飞行方向,直至击中目标。导弹借助雷达系统来调整自己的飞行状态这项我们这个监督来调整计划都是为了目标的顺利达成。没有控制系统导弹能击中目标吗? 控制活动是我们始终锁定目标不会偏离航向的保障。

最基本的管理活动的另外一个是激励活动。做任何事情都要一个动机,都会为了某种目的,同时人本身存在一些缺点需要外力来克服。激励是管理系统的发动机、助推器,任何一种系统都离不开动力,没有动力事情就不可能进展。就如同汽车一样有了好的动力系统才能跑的更快。

接下来我们看两个高级的管理活动。组织和领导。这里的组织主要是指组织形式。不同的组织形式决定了组织沟通的方式,决定的职责,同时也决定了组织的效率。组织形式的选择是一门学问。

领导主要是选人、用人、指导培训、考评、奖励与惩罚。领导的软技巧包括以下几个方面:

有效沟通:信息交流;

组织影响力:"使事情完成"的能力;

领导:提出设想和战略,引领大家实践;

动机:激励人们高效率工作;

谈判以及冲突管理:达成一致;

解决问题:明确问题做出决定。

5.6　项目

项目是为了创造独特的产品或者服务进行的一次活动。项目有如下几个特征:

临时性,任何项目必须有一个明确的开始和结束的时间,工程完成项目自然终止,如果在规定的时间内不能完成任务,而可以顺延工期也可能会终止项目。临时性不意味着项目的持续时间短,而是说有一个明确的结束时间。

独特性,项目是开创性的工作是不可能重复的,因此有其独特的或者存在明显区别其他的工作的特征。如三峡工程、长城的建设、金字塔的建设、新药品的研制、软件的开发。

项目与运作的对比:工作可以分两类,一类被称为项目,一类被称为运作,或者称为常规工作。首先两者之间有一定的共性,即均受到有限资源的约束;完成过程均包含计划、执行和控制。其次他的差异在于,运作是可以重复的,而项目是临时的、独特的不可完全重复的。

项目与战略的关系,项目往往是战略目标赖以实现的工具,一个项目的目标一般是战略决策结果的一部分。

5.7　项目管理

美国 Standish 集团在 1994 年对 8600 多个项目研究表明:

> 研究数据:
>
> 16% 的项目实现了其目标
>
> 50% 的项目没有实现目标
>
> 34% 的项目彻底失败
>
> 项目失败的原因:
>
> 29% 项目没有达到目标
>
> 17% 项目费用严重超支
>
> 38% 项目在一定程度上费用超支
>
> 35% 项目严重延期
>
> 34% 项目在一定程度上延期

项目的高失败率,使项目管理得到了更多的重视。项目管理是指在项目约定的条件下,综合的应用知识、技巧、工具、技术项目的活动,项目管理过程有初始化阶段、计划阶段、执行阶段、监控阶段、收尾阶段构成。

项目经理是项目的负责人，项目经理的主要职责包括：

> 标识需求；
> 建立清晰可行的目标；
> 平衡项目质量、范围、时间和成本；
> 采取合适的计划和方法满足各种利害人的期望。

项目的利害关系的人包括客户、出资方、股东、组织领导、项目组成员等。项目管理中，项目的范围、时间、成本构成了项目三角（图 5-2），项目的质量是项目三角中三要素平衡的结果，也就是说质量是受三种要素影响的。时间和成本不变；将项目范围缩小有助于提高质量；范围和时间不变；将成本提高有助于项目质量的提高；范围和成本不变；项目工期延长有助于质量的提高；反之，在项目范围不变的情况下，降低成本，缩短工期会导致项目质量的下降；若论时间不变，范围扩大，成本降低也会导致质量的下降。

图 5-2　项目三角

5.8　项目管理过程

任何过程管理都会涉及一个问题就是目标，目标是过程开始时就明确的任务也是项目的目的。除此之外，项目的资源、项目的产出也必须是明确的，同时任何过程的实现必须依赖工具、方法、技术。

根据过程管理的原则，若要实现好的结果，就必须有好的过程，而好的过程与合适的工具，有效的方法，适用的技术是分不开的。为了更好的管理项目我们把项目过程分为初始化阶段、计划阶段、执行阶段、监督与控制、收尾阶段。如图 5-3 所示。

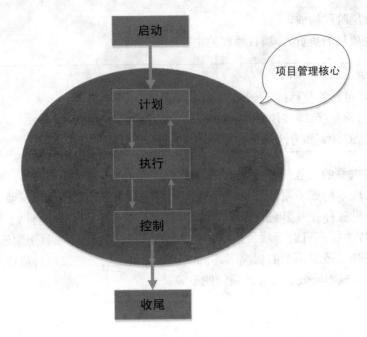

图 5-3　项目管理过程

　　项目管理过程中的元素被作为定义良好的接口,可是在实践中它们是迭代的,相互影响的,不可能详细并完整的被描述出来。相当有经验的项目管理者意识到,可以有多种方法去管理工程。对于工程给定的目标实现细节考虑复杂性、风险、范围、时间、项目团队成熟度等。

　　简单过程管理是:计划、执行、检查、总结。

- 初始阶段定义和批准项目;
- 计划阶段定义并且分解目标,制定完成项目目标的最佳方案和备用方案;
- 执行阶段执行项目计划,协调人力和其他资源;
- 监督与控制阶段有规律的;
- 可度量的方式监控计划与实施之间的差异,并及时的更改计划;
- 收尾阶段正式的确认目标的完成,有序的结束项目的各工作。

项目管理生命周期如图 5-4 所示。

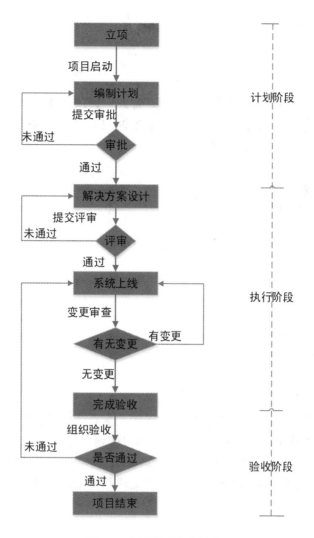

图 5-4　项目管理生命周期

5.8.1　初始阶段

　　初始阶段主要任务是正式的启动一个新的项目，需要注意的是许多工作在项目正式启动之前已经完成了。这些工作不在项目过程之内，比如商业需求，需求的文档化，可行性分析报告，开发合同，项目范围、项目的预算、可用资源、投资金额及项目在组织中的战略地位，项目负责人，甚至包括应用程序框架结构。

　　在启动阶段要完成：在项目边界之内对原有的项目资源、项目范围进行界定并细化，如果还未指定项目经理，则确定项目经理人选，把项目信息和约束进行文档化，制定项目章程并且上报待批，这里需要注意项目章程的批准是在项目边界之外进行的。对于大型项目而言，在启动阶段还需要将项目分成几个阶段，在每个阶段的开始，还要对项目范围和目标进行再评估，确定各阶段的标准和资源，设定是否开始下一阶段，还是延期或终止项目的标准。

　　启动阶段任务：

- 开发项目章程；
- 开发项目范围声明。

5.8.2　计划阶段

计划阶段主要任务确定项目范围,开发项目管理计划,安排项目活动。对于新的项目,我们要考虑额外的依赖、需求、风险、机会、前提、约束,项目计划阶段这一事关项目成败的信息必须被标识出来。对于大型工程计划可能要迭代开发。

计划阶段主要任务列表：
- 开发项目计划；
- 开发范围管理计划；
- 创建 WBS；
- 定义活动；
- 为活动分配资源；
- 制定成本预算方案；
- 确定质量计划；
- 创建沟通计划；
- 开发风险管理计划。

5.8.3　执行阶段

执行主要是完成项目计划规定的目标,这一阶段主要是为了实现计划而进行的人与资源的协调。项目正常执行中出现的差异可能重新确定计划,这种差异的原因主要包括活动的延期、资源的可用性问题、未预料到的困难。无论这种改变影响还是不影响计划的执行我们的需要一个实现分析,分析的结果可能会要求项目计划进行变更,需要建立一个新的项目基准,项目的预算可能超支。

执行阶段主要任务列表：
- 指挥和管理工程的执行；
- 实现质量保证；
- 开发团队能力；
- 及时地沟通。

5.8.4　监督与控制

监督与控制主要是监视项目的执行及时的纠正不合适的项目活动,需要的时候要控制项目的执行阶段,它的意义在于对执行的结果进行度量以检验是否达到计划要求,及早的发现问题、解决问题,最大限度的保障项目的执行。

监督与控制的主要任务列表：
- 监控项目工作；
- 变更管理；
- 范围控制；

- 成本控制；
- 进度控制；
- 质量控制；
- 团队管理；
- 风险控制；
- 合同管理。

5.8.5　收尾阶段

收尾阶段主要是有序结束各项工作。

主要任务列表：

- 结束项目；
- 了结合同。

5.9　计划与控制

表 5-1 是项目管理（PMI）问题的分布。可以看出，计划和监控都是重要的过程。

表 5-1　项目管理(PMI)问题分布

内容	问题的比例
项目初始过程	8.5%
项目计划过程	23.5%
项目执行过程	23.5%
项目监控过程	23%
项目收尾过程	7%
职业道德方面	14.5%

5.9.1　计划的重要性

在开发活动中，项目计划是项目启动后的最重要大活动之一，但由于一些项目规模不大、企业管理标准化、工程化水平低，因此经常被忽略，没有纸的或者电子版的计划。习惯于不制定计划或者制定"大脑版"的计划，计划不形成规范文档，在项目经理的脑子里，就会比较粗糙和模糊，增加了执行的风险。

为什么每个项目都需要一份项目计划，并且要形成规范的文档呢？这是因为：项目计划就好像一份项目的线路图，指导项目准确的达到目标。

第一，通过制定计划，使得小组和有关管理人员，对项目有关事项，如资源配备、风险化解、人员安排、时间进度、内外接口等形成共识，形成事先约定，避免事后争吵不清。

　　第二,通过计划,可以使得一些支持性工作以及并行工作及时得到安排,避免因计划不周造成各子流程之间的相互牵掣。比如测试工具的开发,人员的培训都是需要及早计划和安排的。

　　第三,可以使项目实施人员明确自己的职责,便于自我管理和自我激励。

　　第四,计划可以有效的支持管理,作为项目经理、业务经理、QA 经理、测试经理们对开发工作跟踪和检查依据。

　　第五,做好事先计划,就可以使注意力专心于解决问题,而不用再去想下一步做什么?

　　第六,计划是项目总结的输入之一,项目总结其实就是把实际运行情况与项目计划不断比较以提炼经验教训的过程。通过计划和总结,项目过程中的经验和教训被很好的记录和升华,成为"组织财富"。

5.9.2　制定项目计划

　　制定项目计划的过程被称为项目策划。在项目策划时,要尽量让员工估计自己的工期,使团队成员积极参与到项目中来,而且由于技术发展如此迅速,往往只有具体模块开发人员对那部分工作最了解;但是项目经理也不是完全消极的,他应该积累项目管理数据,推动开发过程能力成熟度的提高,以便可以协同开发人员进行越来越准确的项目估计。计划常以文本文档和图形文档结合形式出现,文本主要记录项目的约束和限制、风险、资源、接口约定等方面的内容,对于进度和资源分解、职责分解、目标分解最好通过项目管理软件工具(如普遍应用的Microsoft Project)来进行规划和管理,不要分散在文档的若干个地方,那样非常不利于同步修改。项目计划需要设计成"可检查"的文件,这要求任务的划分要细到具体产品,如果存在有形产品的输出,要罗列出来。比如测试这一任务,不要简单分解为测试准备、测试执行,而是分解为测试环境搭建、测试方案编制、测试执行、测试报告编制为好。

1. WBS

　　使用 Microsoft Project 编制的文件可以称为计划进度表,可以用来规划项目时间进度,辅助项目跟踪。计划进度表的制定步骤是:工作分解和定义(WBS)、任务排序、活动历史估算、编制。

　　WBS(Work Breakdown Structures)即工程项目工作分解结构。被定义为:可交付项目产品为导向对项目要素进行的分组,它归纳和定义了项目的整个工作范围,每下降一个层次代表对项目工作的更详细定义。这一定义体现了 WBS(Work Breakdown Structures)的几个以下特征:

　　(1)它能代表项目的工作活动,并且这一项目工作活动能产生一个切实结果。

　　(2)它分布于一系列有序的层次结构之中。

　　(3)它能代表一项有目标和切实的结果,并且能作为一项可以交付的项目成果。

2. WBS 应该如何分解?

　　关于 WBS 分解的方法,任何一本关于项目管理的书籍都有介绍,但大多都是经验性的。在实际应用中仍然会遇到问题:第一, WBS 到底应该分解到多细? 很明显由于项目管理的自身特点,在项目计划阶段,没有人能够把项目所涉及的所有事情写出来,那么 WBS 要分解几层,到多细呢? 如果分细不容易,那么就分粗一点吧。每个 WBS 都只有三层,前两层是概要,后一层是任务。这时,问题也就出来了。有可能同一个项目责任人第一阶段与第二阶段所过的工作都要针对于 WBS 上的一个叶节点。看起来它只是在做一个工作。这种也是不合理的,第二,WBS 究竟有什么用? WBS 把工作按一定格式,分类来填写,难道只是用 WBS 提醒一下作者,还有某某没有做? 那 WBS 与备忘录有什么区别吗? 如此看来,只记住几个方法是不能做好项目分解工作的,最重要的是要发现 WBS 分解的本质意义所在。

	任务名称
1	⊟ **1 项目管理软件开发**
2	⊟ **1.1 需求调研**
3	1.1.1 用户需求调研
4	1.1.2 需求分析
5	⊟ **1.2 系统设计**
6	1.2.1 总体设计
7	1.2.2 详细设计
8	⊟ **1.3 程序开发**
9	1.3.1 界面美工
10	⊟ **1.3.2 代码编写**
11	1.3.2.1 人员管理模块
12	1.3.2.2 任务分派模块
13	1.3.2.3 任务监控模块
14	1.3.2.4 项目效益分析模块
15	1.3.2.5 客户售后服务模块
16	⊟ **1.4 测试**
17	1.4.1 模块测试
18	1.4.2 集成测试
19	1.5 试运行
20	1.6 验收
21	1.7 项目总结

图 5-5　WBS 分解任务图

WBS 分析的实质思想之一是要体现在项目过程中的项目职责的落实和明确划分。这个思想可以解答上面出现的两种疑问。从工程项目管理的特点可以发现,工程项目实施过程相对松散灵活,但是在责权确认的认证流程上却是相当严谨的,每一项可交付的项目成果都有严格的多方层层确认过程,以保证其项目成果达到各方标准要求。"责任到人"是项目管理的核心,实际工作中项目管理最怕的就是"事情出了没人认账,没人负责"。要避免这个问题的出现,就要在每一层次 WBS 分解过程中都考虑到项目责任划分和归属,尽可能每一个最底层的节点都有责任人(或部门)相对应,其分解的力度是"可以分配,可以交付"。

3. 不同分解方法之间的矛盾如何解决?

工程项目的分解就是把一个已知的工程项目的任务目标,工作范围合同要求,按照工程项目的客观规律和系统原理分解成若干个便于管理的,相对独立但又相互联系的项目单元(工作任务),以其分解结果——项目单元作为项目的计划、管理控制和工程项目内部信息传递等一系列工程项目管理的对象。原理是容易理解的,但是实际中的问题是,每个人的解决问题思路不同,同一个项目不同的人又很多种分类,因为可以按照工作的流程分解,也可以按照系统论的方法进行结构上的分解。不同分解方法侧重点不同,相互之间难以统一,这造成了 WBS 方法在理论上容易理解但是在实际中操作实施的难度。

解决这一矛盾首先要理解 WBS 方法的实质作用。WBS 思想的最本质的作用之一;它是在现实工作项目的进度 / 费用的联合控制的基础,如果没有这个功能,WBS 编码就没有任何特殊的意义,成了工作备忘录。如何进行工程项目的进度/费用联合控制,这个涉及赢得值原理(EVC),具体使用方法暂不在本文介绍。

既然理解 WBS 本质作用,就可以针对问题提出对策。项目业主方在应用 WBS 方法的时候,不妨首先将其分为两个部分。

(1)上层部分可称作项目大项工作分解结构(Project Summary Work Breakdown Structure,PSWBS),把整个项目按级别划分为若干大项和单项,以便于进行管理和控制。

(2)WBS 的下层部分可称作工程公司标准工作分解结构(Contractor's Standard Work Breakdown Structure,CSWBS)。它是工程承建公司为实现个项目费用/进度综合控制之而建立的标准工作分解结构模式。

业主方应着重做好 PSWBS 的划分工作,并与工作承建方协助商做好 CSWBS 的上几层的划分工作,而对于 CSWBS 的底层的划分则可以交给工程承建方自己灵活处理。需要注意的是,工程承建凡在编制 CSWBS 的时候,较高层次 CSWBS 最好按项目的生命周期各个阶段,各个里程碑控制点等原则来划分;而其底层也并不一定要细到合同清单项目,尽可能每个划分能又一个相对完整的项目交付成果。虽然这还是不能消除 WBS 单元(准确地说是 CSWBS 层的分解单元)与对应的合同清单项目之间的多对关系,但 CSWBS 层最终分解单元的层次关系是位于合同清单项目之上的,就可以避免两种分解编码同一层次出现而产生的论乱。同时,这样做既利于实物工作量和费用的衡量统计,也体现出了控制的作用。

4. 如何理解 WBS 在项目代码体系中的地位作用?

WBS 在很多项目管理教材中似乎被夸大了,似乎只要有了它的项目管理就一定会产生高效率,高效益。而在实际的工程现场单位,WBS 却常常被束之高阁,远没有合同清单,文件编码系统等用得多。工程分解的工作成了工程备忘录,给工程管理人员带来了工作上的冗余。出现这种情况笔者认为是没有正确的认识 WBS 在项目中的地位,没有把它放到项目中系统的看待其关联。

必须认识到 WBS 不是孤立存在的,它也不是一套大而全的可覆盖整个项目分解结构,很多信息,如概算、合同以及管理部门的组织结构等都不能在 WBS 中完整地表现。于是,作为 WBS 补充,又出现了 OBS(组织分解结构),RBS(资源分解结构)以及文档图纸编码系统等等。而且,在项目信息编码与代码系统中 WBS 要与其他的编码系统关联起来作用。比如,WBS 和 OBS 结合就可以进行职责配置:把项目工作分解结构 WBS 看作纵轴,组织分解结构 OBS 为横轴,通过两者的整合确定部门或个人的工作任务和责任。同理,WBS 还可以与其他编码体系结合体现其相对应的配置关系。

同时,WBS 在不同阶段也有不同的侧重作用:

● WBS 初期的作用是确认项目范围。

● 项目计划时,根据 WBS 估算项目进度/成本。

● 项目执行时,检查项目是否按时按量完成;整体项目路径的调整;项目进度/费用的联合控制。

● 项目结束时,项目绩效衡量。

总的来说,WBS 只是项目编码体系中的一部分,但却是重要的一部分,它可与其他编码体系配合体现不同的配置关系;它是贯穿项目管理全过程的一条主线,将项目管理各个阶段的工作串联起来,形成项目的集成管理。

WBS 的适用方法,应注意如下原则问题:

(1)在 WBS 分解前要认真研究合同,了解项目的范围和任务。

(2)WBS 是把一个比较复杂的事情逐步分解为比较简单的过程,让原来看起来不可控制的一件事情变得清晰和控制,分解的力度是"可以分配,可以交付"。

(3)分解中要结合责任体系都和任务,把握各责任的管理深度。

(4)WBS 不应孤立存在,它可以和项目中其他的编码体系结合起来以体系出不同的管理意义。

5.9.3　控制

有了计划就要执行,计划的执行必须从过程上确保质量。控制是根据计划的进度来实施的,同时控制过程可能导致计划的修改。

控制的主要任务:

- 设定控制标准;
- 确定检查时间;
- 安排合适人员;
- 安排适当方式。

控制的方式:

- 检查;
- 抽查;
- 评审;
- 培训。

控制的内容:

- 成本;
- 质量;
- 进度;
- 范围。

5.10　小结

- ✓ 项目是为了创造独特产品或者服务进行的一次活动。
- ✓ 项目的特征为:临时性、独特性。
- ✓ 项目管理是指在项目约定的条件下,综合的应用知识、技巧、工具、技术项目的活动,项目管理过程有初始化阶段、计划阶段、执行阶段、监控阶段、收尾阶段构成。
- ✓ 项目管理中,项目的范围、时间、成本构成了项目三角。
- ✓ 项目过程分为若干阶段:初始化阶段,计划阶段,执行阶段、监督与控制、收尾阶段。

5.11　英语角

Application areas are categories of projects that have common elements significant in such projects, but are not needed or present in all projects. Application areas are usually defined in terms of:

● Functional departments and supporting disciplines, such as legal, production and inventory management ,marketing, logistics and personnel.

● Technical elements, such as software development, water and sanitation engineering, and construction engineering.

● Management specializations, such as government contracting, community development and new product development.

● Industry groups, such as automotive, chemical, agriculture and financial services.

● Each application area generally has a set of accepted standards and practices, often codified in regulations.

5.12　作业

1. 项目三要素为：_____、_____、_____。
2. 项目管理分为几个阶段？其每个阶段的作用是什么？
3. WBS（Work Breakdown Structures）即工程项目工作分解结构的作用是什么？

5.13　思考题

想一想计划和控制的重要性，以及如何执行好计划和控制？

5.14　学员回顾内容

请说一下项目管理对自己今后的程序员道路有什么意义。

第6章 项目实战——广告管理系统

学习目标

◇ 掌握使用 UML 解决实际问题。

◇ 了解广告管理系统业务逻辑。

课前准备

了解广告系统中的功能

广告管理系统是现代报业的生命线,传统的系统分析设计方法已经难以保证开发的效率和质量,通过将 UML 应用于广告管理系统建设,可以加速开发进程,提高代码质量,支持动态的业务需求,并方便地集成已有的传统广告资源。

6.1 引言

当前的社会对信息系统的需求日益增长,需求变化也越来越快,软件开发技术发展方向已经从"提升被开发系统的执行效率"转变为"提升开发率"。面向对象(OO)技术降低了解决方法域的差别,提供了良好的复用机制,能够更加有效提高软件开发效率,完全顺应了软件开发技术的发展方向。

UML(The Unified Modeling Language, 统一建模语言)是一种编制系统蓝图的标准化语言,可以对复杂的系统建立可视化系统模型,目前已经被工业标准组织 OMG(Object Management Group)接受,一经推出便得到许多著名计算机厂商如 Microsoft、HP、IBM、Oracle 等支持,在国际上应用日益广泛。

这里通过一个广告管理系统的分析与设计,阐述如何通过 UML 降低开发难度和提高开发效率。

6.2 广告管理系统的基础特征和功能模块

本系统摒弃了以"订单"为核心的传统结构,构建出了以客户为中心的先进广告管理模式。同时,通过对集团领导决策和多报管理的支持,使系统模式有了能级的提升。

该系统具有以下特征;

● 先进的系统结构,面向广告流程,充分适应原有的广告工作流程并进行合理的改进,从而更贴近报社的实际应用;

● 针对答应报业集团报刊数量多,广告管理复杂的特点,通过系统提供的灵活的人员权限设置和全面的财务核算方式,实现真正的集团多报管理;

● 在实现广告订单的电子化、工作流程的数学化同时,帮助集团领导决策的科学化水平;

● 多套广告价目表的支持,使广告管理部门能在当前激烈的市场的竞争中能采取更为灵活的价格策略;

● 通过对客户信息的管理,实现对客户广告走势和重要合乎情况统计和分析。

整个系统操作业务人员角色包括:预订员,财物,划版员,系统管理员和报刊领导。各个角色承担不同的系统任务,通过网络和通信系统,连接到广告管理系统,使用统一的访问界面,进行日常的广告业务操作,最终实现报业集团广告部门业务的正常运转。

总体结构如图 6-1 所示。

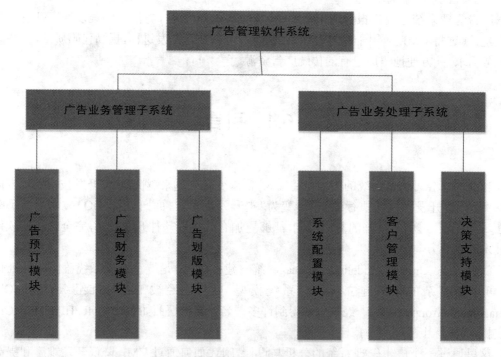

图 6-1　广告管理系统的软件总体结构

6.3　系统的 UML 分析与实现

1.UML 概述特点

UML 通过三类图形建立系统模型：Use Case 图，静态结构图（类图、对象图、组建图、配置图）和动态行为图（时序图、协同图、状态图、活动图），这些图可以从不同抽象角度是系统可视化。UML 具有面向对象、可视化、独立于开发工程和程序设计语言以及易于掌握使用等特点。UML 适用于各种规模的系统开发，能促进软件复用，方便地集成已有的系统并有效减少开发中的各种风险。

2.UML 在广告管理系统中的实际应用

UML 是一种建模语言，使系统开发的一个组成部分，本身并没有关于开发过程概念的定义和表示符号。UML 的创始人 Booch Jacobson 和 Rum Baugh 在 Rational 公司的支持下综合了多种系统开发过程的长处，提出新的面向对象的开发过程，成为 Rational 统一过程（Rational Unified Process, RUP）。RUP 过程的核心工作流程包括：业务建模、需要分析、系统分析与设计和实现、测试和系统部署。下面通过 UML 来分析并构造广告管理系统模型，并结合 Rational 统一过程加以描述，使用 Rational Rose 工具软件绘制图形。

6.3.1　广告管理系统的业务建模和需求分析

业务模型和需求分析的目的是对系统进行评估，采集和分析系统的需求，理解系统要解决的问题，重点是充分考虑系统的适用性。结果可以用一个业务用例（Business Use Case）框图表达，如图 6-2 所示。

模型中的活动者代表外部与系统交互的单元，包括广告客户、预定员、财务人员、划版人员、业务员、系统管理员和集团领导以及外部数据源：业务用例框图是对系统需要的描述，表达了系统的功能和所提供的服务，包括预定子系统、财务子系统、划版子系统、系统管理子系统、客户管理子系统和决策支持子系统。

对于广告客户而言，应为需求比较明确，所以可以考虑代理公司和一般个人用户区别。代理公司是指与报刊签订一段时间的特定类型广告代理合同，该报刊广告通过代理公司这个渠道进入系统，成为代理广告，代理广告实际到与代理公司的合同履行情况跟踪；而一般客户主要是指没有通过代理公司的企业或者个人广告客户，其直接与报刊进行业务来往，其业务规律有水及特点，所以对该类客户进行客户关系管理对报刊业务发展非常重要尤其是有一点必须注意：代理公司控制其具体广告客户的信息，而报刊本身很难直接掌握这些客户的真实信息，所以，客户管理子系统主要适用于收集对报刊有用的客户信息，尤其是一些代理公司客户的信息。

外部信息源主要是为决策支持服务的，包括央视和一些专业数据统计公司的数据，同时，竞争对手尤其是在本地区的竞争对手的数据统计情况也是必须关注的一个焦点。

图中模型元素之间的实线表示二者存在关联关系，带空心箭头的实箭线说明存在泛化关系。这里有两种情况，一种是一般与特殊的关系，如广告客户与代理广告客户、一般客户的关系:另一种是使用关联,表示一个模型元素需要使用另一个模型元素,如"划版子系统"需要使用"财务子系统"和"预订子系统"生成的广告和客户数据。

图 6-2 是广告管理系统层次的用例框图,只包含最基本的用例模型,使系统的高层抽象。在开发过程中,随着对系统需求认识的不断加深,用例模型可以自顶向下不断细化,演化出更加详细的用例模型。

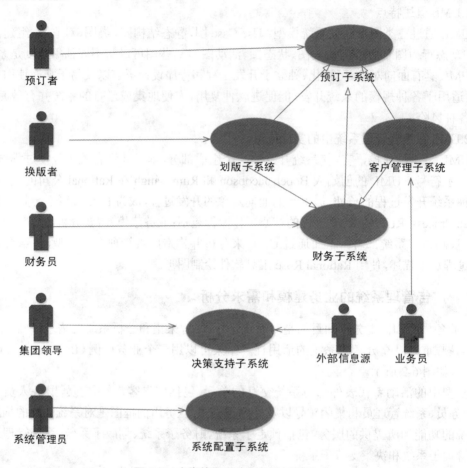

图 6-2   广告管理系统业务用例框图

6.3.2   广告管理系统设计

系统分析与设计是研究采用的实现环境和系统构造,结果是产生一个对象模型,也就是设计模型。设计模型包含了用例的实现,可以表现对象如何相互通信和运作来实现用例流的。对于系统静态结构,可以通过类图,对象图、组建图和配置图来描述;对于系统的动态行为,可以通过时序图、协同图、状态图、活动图描述。这些图再加上说明文档就构成一个完整的设计模型。

6.3.3   系统构造设计

广告管理系统拥有大量广告信息资源,这些资源包括各种用户、广告、合同以及版面信息。

其数据量大、信息变化快,非结构化信息与结构化信息共存。使用 UML 对广告管理系统进行基于面向对象的分析和实现,可以从开发的第一步开始,从系统的底层就把握住广告信息资源的特征,为下一步具体实现打好基础。在广告管理系统建立模型时要设计到处理大量的模型元素,如类、进口、组件、节点、图等,可以将语意上相近的模型元素组织在一起,这就构成了 UML 的包,包从较高的层次来组织管理系统模型。

系统主要有以下四个包:

● 用户接口包(User interface Package)

用户接口包在其他包的顶层次,为系统用户提供访问信息和服务。要注意一点,由于开发工具使用不同,该接口描述也是有区别的。如果采用 Java 开发,就要以 Java AWT(Abstract Window Toolkit)为基础,如果采取 Microsoft 的 Asp.net 开发,其基础就是标准化控件组。

● 业务逻辑包(Business Rule Package)

该包是广告管理系统业务的核心实现部分,包括广告、合同、客户等,其他包可以通过访问该包提供的接口,实现业务逻辑,如执行广告预订业务等。

● 数据持久访问包(Data Persistence Package)

该包实现数据的持久化,也就是与数据库交互,实现数据的存取、修改等操作。

● 通用工具包(User Package)

该包主要包括应用程序安全检查的类,可以为上面三个包提供安全检查,如客户端检查和服务器端业务规则检查等,同时包括一些系统异常检查与抛出处理以及系统日志服务等。

系统详细设计·

详细设计主要是描述在系统分析阶段产生的类,与分析阶段类的区别就是偏重于技术层面和类的细节实现。广告管理系统提供的各种服务都是建立在分布、开放的信息结构之上,依托高速、可靠的网络环境来完成的。每项服务都可以看作一个事件流,由若干相关的对象交互合作来完成。对于这种系统内部的协作关系和过程行为,可以通过绘制顺序(Sequence)框图和协作(Collaboration)框图来帮助观察和理解。从外,描述工作流和并发行为还可以通过活动框图,表达从一个活动到另一个活动的控制流。同时,可以在理解这些图的基础上,抽象出系统的类图,为系统编码阶段继续细化提供基础。

时序图和协作图适合描述多个对象的协同关系,而状态图适合描述一个对象穿越多个用例的行为。状态图和活动图的区别在于,状态图描述的是对象类响应事件的外部行为,而活动图描述的是响应内部处理对象类的行为。

图 6-3 是一个普通客户预订广告业务的顺序框图例子。用户向预订子系统的用户接口登陆,经用户合法性验证后,向预订子系统的客户信息数据库提交查询请求,客户信息需要经过验证,保证该广告记录到客户数据集中。比如一个客户曾经到该报刊订过 5 条广告,通过该新广告同客户历史广告信息添加操作,为决策支持客户信息统计分析提供数据源。如果该客户是新客户,则需要对客户信息执行记录操作,该步操作为客户关系管理提供数据源。

通过顺序框图可以清晰看出系统用户、预订子系统的用户接口、广告客户、广告和合同模块之间时间为顺序的消息交换,这对于把握系统的控制流、顺序行为和交互行为是非常有益的。建立在分布网络环境下的广告管理系统的事件流和控制流是非常复杂的,需要从层顶到底层进行一步步分解,用多幅能反映动态结构的图来分析与说明。图 6-4 和图 6-5 分别反映了财务业务对代理客户的协作框图和划版业务的顺序框图。

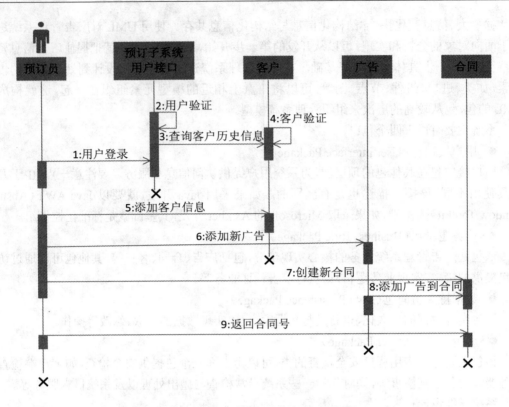

图 6-3 预订业务对普通客户的顺序框图

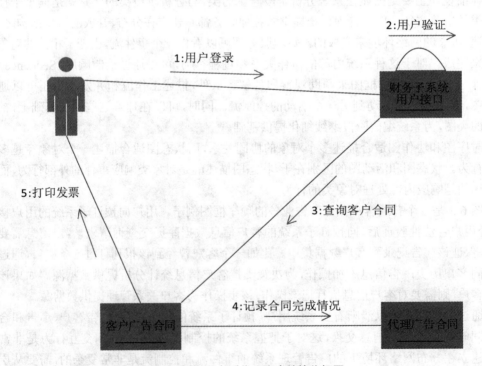

图 6-4 财务业务对代理客户的协作框图

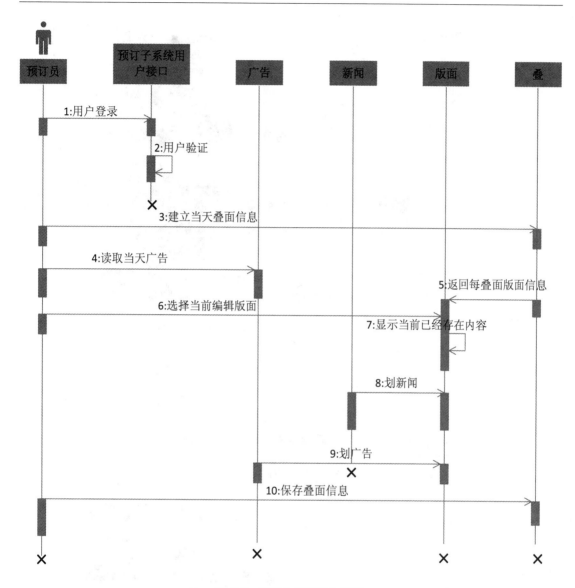

图 6-5　划版业务的顺序框图

通过框图，设计和开发人员可以确定需要开发的类，类之间的关系和每个类操作和责任。顺序框图按照时间排序，用于通过情境检查逻辑流程。协作框图用于了解改变后的影响，可以很容易看出对象之间的通信，如果要改变对象，就可以方便的看到受影响对象。

图 6-6 是分析阶段产生的系统类图。图 6-7 是描述较复杂系统的物理拓扑结构的部署图，Web Server 服务器：一台 Web 服务器预装 4 个操作系统及其之上的 4 个 tomcat。

Web 访问量分流设备：根据网站流量，自动定位客户访问流量小的服务器。

DB Server 服务器：数据库服务器。

Firewall 防火墙：所有对服务器的操作通过防火墙过滤。

User Client：用户个人 PC，预装有浏览器。

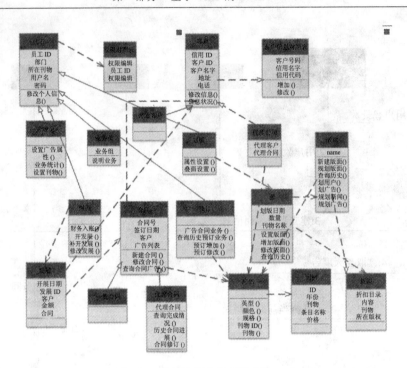

图 6-6　分析阶段产生系统类

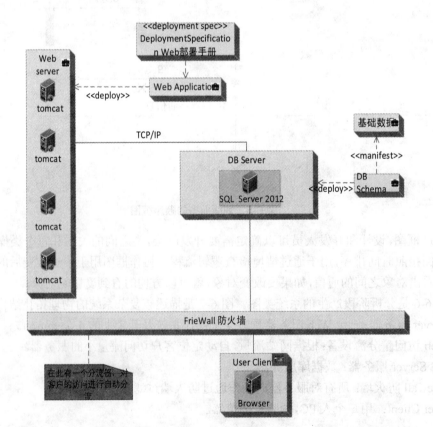

图 6-7　部署图

6.3.4　广告管理系统的实现、测试和系统配置

最后,在系统编码前,需要考虑系统的实现部署情况,可以利用 Visio 的部署视图。系统采用三层逻辑结构:界面与业务逻辑分开,业务逻辑又与数据库访问逻辑分开。同时,部署视图还需要处理一些其他问题,如系统容错、网络带宽、故障恢复和响应时间。

经过系统分析和设计后,就可以根据设计模型在具体的环境中实现系统,生成系统的源代码、可执行程序和相应的软件文档,建立一个可执行系统;进而需要对系统进行测试和排错,保证系统符合预定的要求,获得一个可无错的系统实现。测试结果将确认所完成的系统可以真正使用;最后完成系统配置,其任务是在真实的运行环境中配置、调试系统,解决系统正式使用前可能存在的任何问题。

6.4　小结

广告管理系统的发展方兴未艾,目前正处于传统手工、半手工管理向数字化过渡的阶段,转变过程中需要过程中需要应用和集成最新的信息技术,已达到对网络信息资源最有效的利用和共享。从实际效果来看, UML 可以保证软件开发的稳定性、鲁棒性(健壮性),在实际应用中取得良好的效果。以上是一个使用 UML 来分析和设计广告管理系统的案例。传统的系统分析设计方法难以保证效率和质量,将 UML 应用于广告管理系统的建设,可以加速开发进程,提高代码质量,支持动态的业务需要。

上机部分

第1章　软件工程概念（无）

第2章　静态视图

本阶段目标

完成阶段练习内容后，能够绘制静态视图。

2.1　指导

在这里，我们将对一个图书馆进行业务分析，然后抽象出一个开发用的类图。

我们知道，在图书馆中，其参与者为图书管理员和借书者。图书管理员是系统用户，而借书者是客户。

在分析了参与者以后，我们要进行领域分析，为了进行领域分析，需要阅读规格说明书和用例，了解系统要处理的概念。

图书馆信息系统中的域类主要有：

借书者（BorrowerInformation）

标题（Title）

书籍标题（BookTitle）

杂志标题（MagazineTitle）

借书（Loan）

在类图中，将这些域类以及它们之间的关系表示出来。首先我们知道标题可以分为书籍标题和杂志标题。那么得出，标题是书籍标题和杂志标题的父类，然后，借阅者如果要借书的话，要在"借书"类中进行记录，而且一个借阅者可以借阅多本书，它们之间是"1-n"关系，这样我们就可以画出上面的类图，效果如图 2-1 所示。

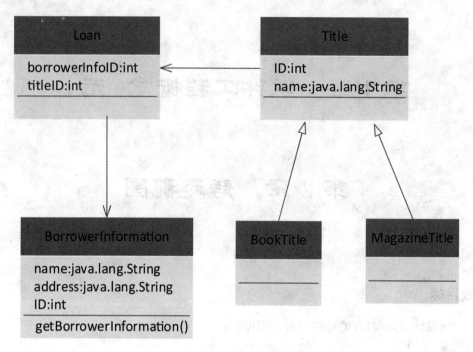

图 2-1　图书管理系统借书业务类图

2.2　练习

在图书馆中,可能会出现这样的一种情况,即图书馆会买多本相同的书,图书馆要同时管理这些书本,而借阅者只要知道该书的名字是否存在,而不管还有几本,请修改指导中的类图,使该类图能够满足图书馆可以拥有多本相同的书这样的情况。

2.3　实践

为一家贸易公司设计一个客户在线购买系统,该系统主要实现:客户可以根据系统提供的产品下订单,同样,顾客可以买多个同一种产品,试画出类图。

第 3 章　用例视图

本阶段目标

完成阶段练习内容后，你将能够绘制用例视图。

3.1　指导

我们还是分析上一章讲解的图书管理系统，我们知道，该系统中有两个参与者，分别是借阅者（Borrower）和图书馆管理员（Admin）先从借阅者这个角度看用例，可以发现如下用例：

- 借出书目（Lend Item）
- 返回书目（Return Item）

从管理员角度可以发现如下用例：

- 增加标题（Add Title）
- 更新或删除标题（Update or Remove Title）
- 增加书目（Add Item）
- 删除书目（Remove Item）
- 增加借书者（Add Borrower）
- 更新或删除借者书（Update or Remove Borrower）

我们根据上面的分析可以画出如图 3-1 所示用例图。

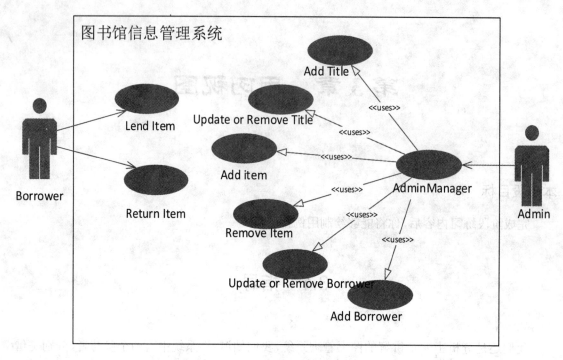

图 3-1 图书馆信息管理系统

3.2 练习

该系统能够接受借阅者的预定,那么我们还需要添加哪些用例。

3.3 实践

我们为一家航空票预售中心绘制一个用例图,系统的功能如下:客户可以查看所有提供的航班信息,可以选择哪一个航班的飞机,预订机票,还可以取消预订,还可以取票以及退票。

第4章　动态视图

本阶段目标

完成阶段练习内容后,你将能够:绘制动态视图。

4.1　指导

我们还是以图书管理系统作为实例,来指导大家如何绘制实际应用系统的动态视图,在这里我们将来画活动图。

1. 我们知道,在图书管理系统中,用户首先要登录,我们先画出如下登录活动,如图 4-1 所示。

图 4-1　登录活动

2. 在登录以后,用户可以进行图书管理、查找书籍、添加删除图书操作,所以我们需要一个同步,在同步下面再添加这些活动点,如图 4-2 所示。

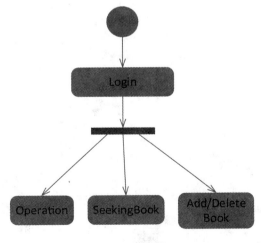

图 4-2　图书管理

3. 在 Operation 后面，要根据借阅者的需求进行借阅或归还动作，那么，这里我们就需要一个判断，然后查看图书的状态，如果该书的状态为"有"，那么可以借阅，如果是没有，那么表示未归还，效果图如图 4-3 所示。

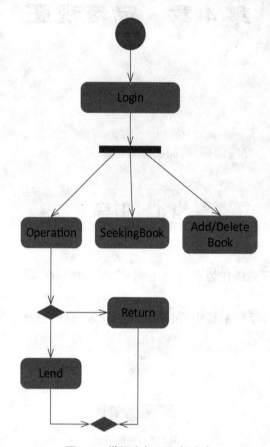

图 4-3   借阅或归还图书活动

4. 连接所有可能的活动图，如图 4-4 所示。

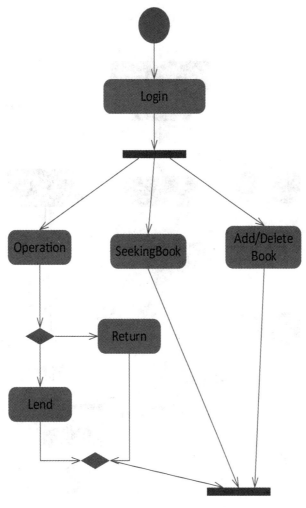

图 4-4　连接所有可能的活动图

5. 最后一个活动是关闭系统。最终的活动图如图 4-5 所示。

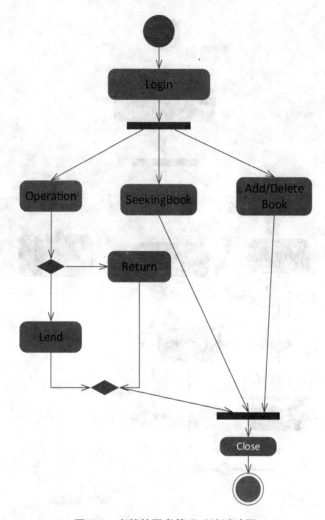

图 4-5　完整的图书管理系统活动图

这样，一个最简单的图书管理系统的活动图就完成了。

4.2　练习

我们根据上面的活动图中的"Operation"操作，来画一个时序图。在这个时序图中首先画一个参与者，参与者登录，登录后执行"Operation"，执行好"Operation"后，输入维护信息。

4.3　实践

使用时序图描述某信用卡客户使用 ATM 机提款的过程。

在这个时序图描述了 5 个对象：客户、读卡机、ATM 屏幕、客户的账户和取钱机。取钱动作从用户将卡插入读卡机开始，读卡机读卡号、打开张三的账户对象，并初始化屏幕，屏幕提示输入用户密码，张三输入密码，然后屏幕验证密码与账户对象，发出符合的信息，屏幕向张三提供选项，张三选择取钱，并在屏幕的提示下输入提取金额，ATM 即开始验证用户账户金额，验证通过后在其账户中扣取相应的金额并提供现金，最后退卡。

第 5 章　项目管理工具

本阶段目标

完成阶段练习内容后，你将能够使用 Project 管理工具。

作为项目经理，必须跟踪大量的细节信息，同时始终关注最终的项目目标。Microsoft Project 能帮助您做些什么呢？首先，Microsoft Project 将有关项目的详细信息存储在其数据库中。然后，Microsoft Project 使用此信息来计算和维护项目的日程和成本，从而创建项目计划。提供的信息越多，计划就越精确。

Microsoft Project 将您输入的和它计算出来的信息保存在域中。域中包含特定类型的信息，例如任务名称或工期。在 Microsoft Project 中，每个域通常显示为一列。

与电子表格相似，Microsoft Project 立刻显示它的计算结果。当输入所有任务信息后，您可以了解目标任务的开始和完成时间、资源需求以及项目的结束日期。

5.1　新建项目

5.1.1　新建项目

在 Microsoft Project 中新建项目时，可以输入项目的开始或结束日期，但不要同时输入这两个日期。我们建议您只输入项目的开始日期，然后让 Microsoft Project 在您输入任务并排定这些任务的日程之后计算出结束日期。

如果项目必须在某个日期之前完成，只需输入项目的结束日期。开始时您可以用项目的结束日期来排定日程以找出需要开始项目的时间。当知道理想的项目开始时间并且当工作开始后，用项目的开始日期来排定日程更为有效。

（1）单击"新建"。

"新建"按钮可能暂时被隐藏了。因为没有足够的空间显示所有按钮，所以可能无法显示它。单击"工具栏选项"，然后单击"新建"。

（2）在"项目"菜单上，单击"项目信息"。键入或选择项目的开始或结束日期，然后单击"确定"。

（3）单击"保存"。

（4）在"文件名称"框中，键入项目的名称，然后单击"保存"。

（5）输入关键项目信息

提示：

● 可以通过在"项目"菜单上单击"项目信息"来随时更改开始或结束日期。

● 也可以使用"定义项目"侧窗格来快速新建一个项目。在"项目向导"工具栏上，单击"任务"，然后单击"定义项目"。然后按照侧窗格中显示的说明进行操作。

5.1.2　输入关键项目信息

每一个项目包括一组特有的组件：项目目标、特定的任务以及工作人员。若要记住并交流这些重要的详细信息，请输入与项目有关的信息，并在需要时查阅这些信息。

（1）在"文件"菜单上，单击"属性"，然后单击"摘要"选项卡。

（2）输入希望的与项目有关的任何信息，例如管理和维护项目文件的人员、项目目标、任何已知的限制以及其他一般性的项目备注。

（3）单击"确定"。

提示：

若要查看未显示出的菜单命令，请单击菜单底部的箭头。菜单会扩展以显示更多的命令。也可通过双击菜单来扩展它。

5.1.3　设置项目日历

可以更改项目日历，以反映项目中每个人的工作日和工作时间。日历的默认值为星期一至星期五，上午 8：00 至下午 5：00，其中包括一个小时的午餐时间。

可以指定非工作时间，例如周末和晚上以及一些特定的休息日，如节假日。

（1）在"视图"菜单上，单击"甘特图"。

（2）在"工具"菜单上，单击"更改工作时间"。

（3）在日历中选择一个日期。

若要在整个日历中更改周中的某天，例如，将周五设置为下午 4：00 下班，请单击日历顶端该天的缩写。若要更改所有的工作日，例如，要从星期二到星期五的工作日上午 9：00 上班，请单击周中第一个工作日的工作日标题（例如星期二为 T）。按住 Shift，然后单击周中最后一个工作日的工作日标题（例如星期五为 F）。

（4）如果要将某天标记为非工作日，请单击"非工作时间"，如果要更改工作时间，请单击"非默认工作时间"。

（5）如果在第三步中单击了"非默认工作时间"，请在"从"框中键入希望工作开始的时间，在"到"框中键入希望工作结束的时间。

（6）单击"确定"。

提示：

还可以使用"项目工作时间"侧窗格来快速设置项目日历。在"项目向导"工具栏上，单击"任务"，然后单击"定义常规工作时间"。然后按照侧窗格中显示的说明进行操作。

5.2　输入和组织任务列表

现在已经创建了新的项目计划，准备给它填充任务。首先，列出需要完成项目目标的步骤。简单的方法是开始一大块工作，然后将每一块分解为具有可交付结果的任务。添加里程碑。最后，收集和输入工期的估计值。在输入任务信息之后，创建一个大纲，以帮助您有逻辑性地组织任务以及查看项目的结构。

5.2.1　输入任务及其工期

通常，项目是一系列相关的任务。一个任务代表了一个工时量，并有明确的可交付结果；它应当足够短，以便可以定期跟踪其进度。任务通常应介于一天到两周之间。按照发生的顺序输入任务，然后估计完成每项任务所需的时间，将估计值作为工期输入。Microsoft Project 利用工期计算完成任务的工时量。

提示：

请不要为每项任务在"开始时间"和"完成时间"域中都输入日期，Microsoft Project 根据任务相关性（您将会在下一节课程中学到）计算其开始和完成日期。

> （1）在"视图"菜单上，单击"甘特图"。
> （2）在"任务名称"域中键入任务名称，然后按 Tab。
> （3）Microsoft Project 为此任务输入一个工作日的估计工期，并且工期值后面带有一个问号。
> （4）在"工期"域中，键入每项任务的工作时间，单位可以是月、星期、工作日、小时或分钟，不包括非工作时间。您也可以利用下面的缩写：
> 　月＝mo 星期＝w 工作日＝d 小时＝h 分钟＝m
> （5）按"Enter"。
> （6）在下一行中，输入项目需要的其他任务。您将在随后学习到如何组织和编辑它们。

提示：

● 若要显示是估计工期，请在工期之后键入一个问号。

● 您也可以添加关于任务的备注。在"任务名称"域中，选定任务，然后单击"任务备注"。在"备注"框中键入信息，然后单击"确定"。所需的工具栏按钮可能暂时被隐藏起来。如果没有足够的空间显示所有的按钮，则可能不会显示它。请单击"工具栏选项"，然后单击"任务备注"。也可以使用"列出任务"侧窗格来快速新建一个项目。在"项目向导"工具栏上，单击"任务"，然后单击"列出项目中的任务"。然后按照侧窗格中显示的说明进行操作。

5.2.2　创建里程碑

里程碑是一种用以标示日程中重要事件的任务，例如某个主要阶段的完成。如果在某个任务中将工期输入为 0 个工作日，Microsoft Project 将"甘特图"中的开始日期上显示一个里程碑符号。

> （1）在"工期"域中，单击要设为里程碑的任务的工期，然后键入 0d。
> （2）按 Enter。

提示：

虽然具有零工期的任务被自动标记为里程碑，但是您可以将任何任务设为里程碑。若要将任务标记为里程碑，请在"任务名称"域中单击任务。单击"任务信息"。单击"高级"选项卡，然后选中"标记为里程碑"复选框。也可以使用"列出任务"侧窗格来快速创建里程碑。在"项目向导"工具栏上，单击"任务"，然后单击"列出项目中的任务"。然后按照侧窗格中显示的说明进行操作。

5.2.3　创建周期性任务

周期性任务是定期重复的任务，例如每周召开的会议。

（1）在"任务名称"域中,单击希望周期性任务出现在其下方的行。

（2）在"插入"菜单中,单击"周期性任务"。

（3）在"任务名称"框中,键入任务名称。

（4）在"工期"框中,键入或选项每次任务所需的工期。

（5）在"重复发生方式"下,单击"每天"、"每周"、"每月"或"每年"。

（6）在"每天"、"每周"、"每月"或"每年"的右边,指定任务的频率。

（7）在"重复范围"下,在"从"框中键入开始日期,然后选择"共发生"或"到"。

（8）如果选定了"共发生",请键入任务发生的次数。

（9）如果选定了"到",请键入希望周期性任务结束的日期。

（10）单击"确定"。

提示:

若要在任务视图中查看所有周期性任务的实例,请单击主周期性任务旁边的加号。

5.2.4 将任务组织为具有逻辑性的大纲结构

大纲可以帮助您将任务组织成更易于管理的块区。可以将相关的任务缩进在更广泛的任务下,从而创建层次结构。这些广泛的任务称为摘要任务;摘要任务下面缩进的任务称为子任务。摘要任务的开始和完成日期取决于其最早的子任务的开始日期和最晚的子任务的结束日期。

（1）在"视图"菜单上,单击"甘特图"。

（2）如果有必要,请输入项目的任务。

（3）单击第一个要作为子任务的任务。

（4）在"插入"菜单上,单击"新任务"。

（5）在插入行中,在"任务名称"域中,键入新的摘要任务的名称。

（6）在"任务名称"域中,选择要作为子任务的任务。

（7）单击"降级"来降级这些任务。

提示:

● 若要组织大纲,请使用大纲按钮:"降级","升级","显示子任务","隐藏子任务"。

● 若要显示所有子任务,请单击"显示",然后单击"所有子任务"。可以利用鼠标迅速地降级或升级一项任务。选中任务,然后将指针放到任务名称的第一个字母上。在指针变成双向的箭头后,向右拖动指针可以降级任务,向左拖动指针可以升级任务。

● 也可以使用"组织任务"侧窗格来快速将任务构建到大纲中。在"项目向导"工具栏上,单击"任务",然后单击"将任务分成阶段"。然后按照侧窗格中显示的说明进行操作。

5.2.5 编辑任务列表

创建任务列表后,可能需要重排任务、复制一组任务、或删除今后不再需要的任务。

（1）在"标识号"域（最左侧的域）中，选中要复制、移动或删除的任务。

a. 若要选择一行，请单击任务标识号。

b. 若要选择一组相邻的行，请按住 Shift，然后单击该组的第一个和最后一个标识号。

c. 若要选择不相邻的几行，请按住 Ctrl，然后单击各个任务的标识号。

（2）复制、移动或删除任务。

a. 若要复制任务，请单击"复制"。

b. 若要移动任务，请单击"剪切"。

c. 若要删除任务，请按"删除"。

（3）若要移动已经剪切的所选内容或者重复复制的所选内容，请选择要粘贴的行。请确保选择整行。

（4）单击"粘贴"。

（5）如果在目标行中已有信息，新行将被插入到目标行的上面。

提示：

若要在现有的任务之间插入新的任务，请单击任务的标识号然后按 Insert。在插入新任务后，任务将会自动重新编号。通过大纲，可以在大纲的日程中重新安排项目阶段。在移动或删除摘要任务时，相关的子任务也同时被移动或删除。

5.2.6　建立任务间的关系

创建和规划任务列表后，应该考虑任务如何相互关联以及任务进度如何满足重要的日期的要求。可以链接任务来显示任务的关联，例如，指定一个任务将在另一个任务完成后开始。这些链接被称为"任务相关性"。与工期和其他日程因素一起，任务相关性在 Microsoft Project 计算任务的开始和结束日期时发挥重大的作用。如果一个链接任务的日程有变动，与该任务有链接的任务将会自动重新安排。可以使用特定的日期限制和期限来完善任务日程。

5.2.7　任务间的关系

排定任务日程的最可靠的方法之一是在任务间建立关系，即任务相关性。任务相关性反映后来的任务（或后继任务）如何依赖前面的任务（或前置任务）的结束或开始日期。例如，如果"粉刷墙壁"任务必须在"挂钟"任务之前发生，则您可以链接这两个任务，将"粉刷墙壁"作为前置任务，将"挂钟"作为后继任务。

完成任务链接后，更改前置任务的日期将会影响后续任务的日期。在默认情况下，Microsoft Project 创建"完成－开始"相关性。但是，由于"完成－开始"相关性不能适用于所有情况，因此您可以根据项目的实际情况将任务链接类型更改为"开始－开始"、"完成－完成"或"开始－完成"。

（1）在"视图"菜单上，单击"甘特图"。

（2）在"任务名称"域中，按照链接顺序选择要链接的两项或多项任务。

（3）若要选择相邻的任务，请按住 Shift，然后单击第一个和最后一个所需任务。若要选择不相邻的任务，请按住 Ctrl，然后单击所需任务。

（4）单击"链接任务"。

（5）若要更改任务链接，请双击任务之间的要更改的链接线。

（6）出现"任务相关性"对话框。如果显示"设置条形图格式"对话框，是由于您没有精确地在任务链接上单击，需要关闭该对话框并再次双击该任务链接。

（7）在"类型"框中，选择所需的任务链接，然后单击"确定"。

提示：

● 若要取消任务链接，请在"任务名称"域中选择要取消链接地任务，然后单击"取消任务链接"。所有到该任务的链接均被取消，同时任务基于"越早越好"或"必须完成于"等限制进行重排。

● 也可以使用"排定任务日程"侧窗格来快速建立任务关系。在"项目向导"工具栏上，单击任务，然后单击"排定任务日程"。然后按照侧窗格中显示的说明进行操作。

5.2.8　设定任务的开始或完成日期

您可以通过让 Microsoft Project 根据任务的工期和相关性计算开始和完成日期来最有效地安排任务日程。但是，如有必要，您仍然可以设定任务的开始或完成日期。将任务限定于特定日期的任务限制称作非弹性限制；最不灵活的限制是指定的开始或完成日期。因为 Microsoft Project 在计算日程时考虑这些限制条件，所以请在任务必须在特定的日期开始或完成时才使用非弹性限制。

（1）在"任务名称"域中，单击要为其设定开始或完成日期的任务，然后单击"任务信息"。

（2）单击"高级"选项卡。

（3）在"限制类型"框中，单击一种限制类型。

（4）在"限制日期"框中键入或选择一个日期，然后单击"确定"。

提示：

如果在"甘特图"的"开始时间"域中为任务选择开始日期，或者拖动甘特条形图来更改开始日期，则 Microsoft Project 自动按照新的开始日期设定"不得早于…开始（SNET）"限制。如果为任务选择完成日期，则 Microsoft Project 自动设定"不得早于…. 完成（FNET）"限制。

5.2.9　设定任务期限

设定任务期限后，如果任务排定在期限之后完成，Microsoft Project 会显示一个标记。设定期限不会影响任务的日程排定。这只是 Microsoft Project 用于警告您任务将在其期限之后完成的一种方式。您可以在需要时调整日程以满足该期限。

> （1）在"视图"菜单上，单击"甘特图"。
> （2）在"任务名称"域中，单击要设定其期限的任务。
> （3）单击"任务信息"，然后单击"高级"选项卡。
> （4）在"任务限制"下，在"期限"框中键入或选择期限日期，然后单击"确定"。

提示：

可以在"甘特图"中拖动期限符号以更改期限日期。也可以使用"期限和限制"侧窗格快速设置期限。在"项目向导"工具栏上，单击"任务"，然后单击"设置期限和限制任务"。按照侧窗格中显示的说明进行操作。

5.3　如何分配资源

在需要的时候将资源分配给任务：跟踪由分配给任务的人员和设备完成的工时量，或监视完成任务的过程中使用的材料。排定具有更大灵活性的任务日程。在分配了太少或太多工作量的资源之间平衡工作量。跟踪资源成本。在没有资源信息的情况下，Microsoft Project 根据任务工期、相关性和任何日期限制来计算日程。分配资源时，工作日程和资源可用性被计入到日程等式中。

5.3.1　创建资源列表

使用 Microsoft Project 资源工作表创建人员、设备和材料的列表，由它们组成工作组并实施项目任务。资源列表由工时资源或材料资源组成。工时资源为人员或设备；材料资源为可消耗的材料或供应品，例如，混凝土、木材或钉子。

> （1）在"视图"菜单上，单击"资源工作表"。
> （2）在"视图"菜单上，指向"表"，然后单击"项"。
> （3）在"资源名称"域中，键入资源名称。
> （4）在"类型"域中，指定资源类型：工时或材料。
> （5）若要指明资源组，请在资源名称的"组"域中，键入组的名称。
> （6）对于每个工时资源（人员或设备），在"最大单位"域中键入该资源可用的资源单位数，为百分比。例如，输入 300％表明特定资源的三个全职单位。
> （7）对于每个材料资源（在项目中消耗的供应品），在"材料标签"域中，键入材料资源的度量单位，例如吨。

提示：

● 当您使用"甘特图"视图或其他任务视图时，可以输入其他资源名称。若要分配其他资源，请单击"分配资源"，然后在"资源名称"域中键入资源名称。也可单击"资源列表选项"，然后单击"添加资源"以将资源从 Microsoft Exchange、Microsoft Active Directory 或 Microsoft Project Server 中导入。

- 也可以使用"指定资源"侧窗格来快速创建资源列表。在"项目向导"工具栏上，单击"资源"，然后单击"为项目指定人员和设备"，然后按照侧窗格中显示的说明进行操作。

5.3.2　更改资源的工作日程

在项目日历中定义的工作时间和休息日是每个资源的默认工作时间和休息日。当个别的资源按完全不同的日程工作时，或者当您需要说明假期或设备停工其时，可以修改个别的资源日历。

> （1）在"视图"菜单上，单击"资源工作表"，然后选择要更改其日程的资源。
> （2）在"项目"菜单上，单击"资源信息"，然后单击"工作时间"选项卡。
> （3）在日历中，选择要更改的工作日。
> （4）若要为整个日历更改一周中的某个工作日，请在日历的顶端单击该工作日的工作日标题。
> （5）单击"使用默认设置"、"非工作日"或"非默认工作时间"。
> （6）当您单击"使用默认设置"后，选定的工作日将返回到 Microsoft Project 标准日历的默 认值，即从周一到周五，上午 8:00 到 12:00 和下午 1:00 到 5:00。
> （7）如果在第 4 步中单击了"非默认工作时间"，请在"从"框中键入希望工作开始的时 间，在"到"框中键入希望工作结束的时间。
> （8）单击"确定"。

提示：

- 如果资源具有相同的特殊工作时间和休息日（如小夜班或周末班次），则可为他们新建一个基准日历。在"工具"菜单上，单击"更改工作时间"。单击"新建"，然后为新基准日历键入名称。单击"新建基准日历"以从默认日历开始。还可以使用"资源工作时间"侧窗格来快速更改资源的工作日程。在"项目向导"工具栏上，单击"资源"，然后单击"定义资源的工作时间"。按照侧窗格中出现的说明进行操作。

5.3.3　为任务分配资源

当为任务分配资源时，就创建了一个工作分配。您可为任何任务分配任何资源，并可在任何时刻更改工作分配。您可以为一个任务分配多个资源，并指定资源在任务上是全职还是兼职。如果分配给资源的工时超过了在资源工作时间日历中显示的每工作日的全职工作时间，Microsoft Project 将在资源视图中用红色显示过度分配的资源的名称。

（1）在"视图"菜单上，单击"甘特图"。

（2）在"任务名称"域中，单击希望为其分配资源的任务，然后单击"分配资源"。

（3）在"资源名称"域中，单击要分配给任务的资源。

（4）若要指定资源为兼职，请在"单位"列中键入或选择小于 100 的百分比，该百分比表示您希望资源在任务上花费的工作时间的百分比。

　a. 若要分配几个不同的资源，请按住 Ctrl 并单击资源名称。

　b. 若在分配多个相同资源（例如两个木匠），请在"单位"列中键入或选择大于 100 的百分比。如果必要，请在"资源名称"列中键入新资源的名称。

（5）单击"分配"。

"资源名称"列左边的选中标记表明该资源分配给了选定的任务。

（6）单击"关闭"。

5.3.4　将工作分配发布到 Microsoft Project Server

为任务分配资源后，可以将工作分配发布到 Microsoft Project Server。然后，工作组成员可以接受该工作分配并查看他们各自的任务列表以及预期的工期和最后期限。

（1）在"视图"菜单中，单击所需的视图。

（2）在"协作"菜单中，指向"发布"，然后单击"新建和更改的工作分配"。

（3）若要在发布工作分配之前保存项目计划，请单击"确定"。

（4）在"为此项发布新建和更改的工作分配"框中，选中"完整项目"、"当前视图"或"所选项目"。

　a. 如果单击"完整项目"，则发布所有新建和更改的工作分配。

　b. 如果单击"当前视图"，则发布该视图中显示的任务的新建和更改的工作分配。

　c. 如果单击"所选项目"，则仅发布所选任务的新建和更改的工作分配。

（5）如果输入其他信息或编辑电子邮件通知文本，请单击"编辑消息文本"，在"消息正文"框中键入所需文本，然后单击"确定"。

提示：

当将任务分配给 Microsoft Project 中的工作组成员时，会向该成员的电子邮件收件箱中自动发送一条关于该工作分配的电子邮件通知消息。如果您将电子邮箱用于联机工作组协作，则该过程也同样有效。如果尚未建立联机工作组协作方法，请咨询系统管理员。

5.3.5　用 Microsoft Project Server 接受工作分配响应

向 Microsoft Project Server 发布工作分配后，分配的资源可以接受或拒绝工作分配。它们也可以修改工作分配的信息并向您发送一个更新。若要审阅工作分配的响应并将更新信息合并到项目计划中，请从 Microsoft Project 内或通过使用 Microsoft Project Web Access 登录到 Microsoft Project Server。

（1）在 Microsoft Project 的"协作"菜单上，单击"更新项目进度"。

Microsoft Project Web Access 的更新页面显示在 Microsoft Project 中。当出现提示时，请登录到 Microsoft Project Server。

（2）若要审阅更新，请单击"查看选项"，然后单击所需的显示选项。

（3）若要专注于特定的任务更新，请单击"筛选、分组、搜索"，然后单击所需的选项。

（4）若要一次合并所有更新的信息，请单击"全部接受"。

（5）若要将更新信息合并到项目计划中，请单击"更新"。

（6）若要返回到 Microsoft Project，请在"视图"菜单上单击"其他视图"，在"视图"列表中单击要使用的视图，然后单击"应用"。

提示：

使用来自工作组成员的更新来帮助建立项目。将主要阶段输入为摘要任务，将资源分配给这些任务，然后发布工作分配。在接受工作分配后，此时工作成员可以添加子任务及其工期。当用此信息更新项目时，任务列表将拥有完整日程所需的详细信息。

5.3.6 检查和编辑资源分配

"资源使用状况"视图显示项目资源，以及分配给这些资源并按它们分组的任务。使用"资源使用状况"视图，您可以找出在指定任务上为每个资源安排的工时数，并查看过度分配的资源。还可确定每个资源具有多少可用时间能用于其他工作分配。

（1）在"视图"菜单上，单击"资源使用状况"。

（2）在"资源名称"列中，审阅资源分配。

（3）若要重新将任务从一个资源分配给另一个资源，请选择整行，将指针放置在"标识号"域（最左边的列）上，然后将任务拖动到新的资源位置下。

提示：

可以更改时间刻度，例如从天到周。在"格式"菜单上，单击"时间刻度"，然后单击"底层"选项卡。将"单位"框更改为需要的时间刻度。对"中层"和"顶层"也可进行相同操作。如果资源名称为红色并且为粗体，则资源为过度分配。

5.4 如何输入成本

无论您是需要考虑每个任务的费用还是项目的总成本，通过输入资源在任务上工作的费率或固定的任务成本费率，可使您查看是否还处于预算范围内。可以输入资源的每次使用成本和加班费率、为增长进行计划和选择费用增长的时间。也可以用不同方式审核成本信息。

5.4.1　将成本分配给资源

Microsoft Project 允许您为工时资源和材料资源分配费率,从而您可以精确地管理项目成本。您可为资源分配标准费率、加班费率或每次使用成本。

> (1)在"视图"菜单上,单击"资源工作表"。
> (2)在"视图"菜单上,指向"表",然后单击"项"。
> (3)在"资源名称"域中,选择一项资源或键入新的资源名称。
> (4)在"类型"域中,如果资源为人员或机器,请单击"工时",如果资源为一些可消耗材料或供应品(例如水泥),请单击"材料"。
> (5)对于工时资源,请在"标准费率"、"加班费率"或"每次使用成本"域中输入资源费率。
> 对于材料资源,在"材料标签"域中输入材料资源的度量单位(例如吨),并在"标准费率"或"每次使用成本"域中键入费率。
> (6)按 Enter。

提示:

可为您输入的任何新资源设置默认的标准费率和加班费率。请在"工具"菜单上单击"选项",然后单击"常规"选项卡。在"默认标准费率"和"默认加班费率"框中,键入新的费率。如果希望将该设置作为默认值用于所有将来的项目,请单击"设为默认值"。可以为同一资源计算不同费用率。示例有:资源费率在项目过程中更改,对不同的工作分配为资源支付不同的费率。在"视图"菜单上,单击"资源工作表"。在"资源名称"域中,选中一个资源,然后单击"资源信息"。然后,在"成本"选项卡上输入信息。

5.4.2　设置任务的固定费率

大多数项目成本与资源相关。但是,一些成本与任务相关,例如旅行和打印成本。这些成本是任务的"固定成本"。

> (1)在"视图"菜单上,单击"甘特图"。
> (2)在"视图"菜单上,指向"表",然后单击"成本"。
> (3)在任务的"固定成本"域中,键入成本。
> (4)按 Enter。

提示:

在成本表的"固定成本累算"域中,可以选择一种累算方法。这指定了固定成本是否在任务开始或结束时实行以及固定成本是否按任务工期比例分配。

5.4.3　定义成本累算的时间

在 Microsoft Project 中,在默认情况下,资源成本是按比例进行计算的。成本累算分布于任务的工期中。但是,您可以更改累算方法,从而使得资源成本在任务开始结束时生效。

> （1）在"视图"菜单上，单击"资源工作表"。
> （2）在"视图"菜单上，指向"表"，然后单击"项"。
> （3）在"成本累算"域中，单击要使用的累算方法。

提示：

如果按比例分配成本对一个资源有多个成本表，成本将使用响应时间阶段的费率计算并且可在任务完成时更改。每次使用资源成本总是在工作分配开始时进行累算。

5.4.4　看资源或任务的成本

当为资源分配费率或为任务分配固定成本后，可以审阅这些分配的总成本以确保它们在您的预期之内。如果资源任务的总成本超过预算，可检查单股的任务成本和单独的资源分配来查看可在何处消减费用。

> （1）若要查看资源成本，请在"视图"菜单上，单击"资源工作表"。
> （2）若要查看任务成本，请在"视图"菜单上单击"其他视图"，然后单击"任务工作表"。

在"视图"菜单上，指向"表"，然后单击"成本"。

5.4.5　查看整个项目的成本

您可以查看项目当前的比较基准成本、实际成本和剩余成本以确定是否在整个预算内。在 Microsoft Project 每次重新计算项目时，都将更新这些成本。

> （1）在"项目"菜单上，单击"项目信息"。
> （2）单击"统计信息"。
> （3）在"当前"行的"成本"下，可查看项目的总计划成本。

提示：

随着实际工时的进行，您也可比较"当前"和"剩余"域的差异，以查看是否有足够的资金来完成项目。

5.5　如何查看日程及其详细信息

输入基本项目数据后，您可以查看它。是否能保证期限？资源正在进行什么工作？到目前为止花费了多少预算？首先，请看大图片：总的开始日期和完成日期以及关键路径。然后查看详细信息。您可按需要在视图中显示任务和资源。您可以以不同的视图方法检查项目，从而查明可能的问题点，并采取必要的操作来解决这些问题以避免导致严重问题。

5.5.1　确定关键路径

关键路径指一系列必须按时完成的任务,以使项目按日程完成。在通常的项目中,大多数任务都有一些时差,因此可以延迟一些时间而不会影响项目日程完成。那些延迟后必然会影响项目完成日期的任务被为关键任务。当您修改任务来缩短日程、降低成本、解决过度分配、调整范围或解决日程中的其他问题时,请注意关键任务,对关键任务所做的更改将影响项目的完成日期。

> (1)在"视图"菜单上,单击"甘特图"。
>
> (2)单击"甘特图向导"。
>
> (3)请按照甘特图向导中的说明设置关键路径任务的格式。

提示:

您可以筛选日程,以便仅显示关键任务。在"项目"菜单上,指向"筛选",然后单击"关键"。在"筛选器"列表上,单击"所有任务"可再次显示所有任务。还可以使用"关键路径"侧窗格中出现的说明进行操作。

5.5.2　通过使用筛选器显示指定信息

当您要在当前视图中集中查看某些任务或资源时,可以对视图应用筛选器。您可指定筛选器仅显示或突出显示满足筛选器条件的任务或资源。

> (1)若要筛选任务信息,请在"视图"菜单上,单击"甘特图"或其他任务视图。若要筛选资源信息,请在"视图"菜单上,单击"资源工作表"或其他资源视图。
>
> (2)在"项目"菜单上,指向"筛选",然后单击要应用的筛选器。若要应用不在"筛选"子菜单上的筛选器或应用突出显示筛选器,请单击"其他筛选器"。
>
> (3)单击"应用"可应用该筛选器,或单击"突出显示"可应用突出显示筛选器。
>
> (4)如果应用交互式筛选器,请键入所请求的值,然后单击"确定"。
>
> (5)若要关闭筛选器,请在"项目"菜单上,指向"筛选",然后单击"所有任务"或"所有资源"。

第 6 章　项目实战——广告管理系统(无)

第二部分
测试驱动开发

理论部分

第1章 测试驱动开发简介

学习目标

◇ 了解测试驱动开发的原理。
◇ 理解单元测试的作用和原理。
◇ 掌握 JUnit 框架。

课前准备

查看一些有关测试方面的资料。

1.1 本章简介

测试驱动开发(Test-driven development, TDD)是极限编程的重要特点,它以不断测试推动代码的开发,既简化了代码,又保证了软件质量。本章主要介绍测试驱动开发的原理以及单元测试中的 JUnit 框架。

1.2 高质量的软件

软件质量的重要性是不言而喻的,但是当所有人都意识到它的重要性时,却很少有人能够清晰的描述出如何才能够提高软件的质量。软件质量框架的目的就在于提出一个评价的原型,帮助我们分析一种方法或技术能够提高软件的质量。

一个软件之所以被认定质量优秀,并不是因为它获得了一个省级奖,而是因为它具备了这样一些特性:

(1)满足用户的需求。这是最重要的一点,一个软件如果不能够满足用户的需求,设计再好,采用的技术再先进,也没有任何的意义。所以这一点虽然非常朴实,但却是软件质量的第一个评判标准。

(2)合理的进度、成本、功能关系。软件开发中所有的管理都围绕着这几个要素在做文章,如何在特定的时间内,以特定的成本,开发出特定功能的软件,三者之间存在微妙的平衡。

一个高质量的软件,在开发过程中,项目成员一定能够客观的对待三个因素。并通过有效的计划、管理、控制,使得三者之间达成一种平衡,保证产出的最大化。

(3)具备扩展性和灵活性,能够适应一定的程度的需求变化。当今社会的任何事件,变化速度极快。变化就会产生冲击,所以一个质量优秀的软件,应该能够在一定程度上,适应这种变化,并保持软件的稳定。

(4)能够有效地处理例外的情况。写过软件的人都知道,实现主题功能的工作量其实不大,真正的工作量都在处理各种例外。所以,一个软件如果能够足够的强壮,能够承受各种的非法情况的冲击,这个软件就是高质量的。

(5)保持成本和性能的平衡。性能往往来源于客户的非功能需求,是软件质量的一个重要的评价因素。但是性能问题在任何地方都存在,所以需要客观地看待它。例如,一段性能不错的代码可能可读性很差,如果这段代码性能是整个软件的关键,那么取高性能而舍弃可读性,反之,则取可读性而舍弃高性能。一个优秀的软件应该能够保持成本和性能之间的平衡。

(6)能够可持续的发展。很少有软件组织只开发一个软件,所以,一个优秀的软件在开发完成后,可以形成知识沉淀,为软件组织的长期发展贡献力量。这是一个优秀的软件应该做到的。

软件质量的根源来源于测试,测试做好了,软件质量就会好。这是毫无疑问的,问题关键在于怎么做测试,才能保证测试的投入能够带来软件质量的有效提升。测试驱动开发正是为了解决这个问题而出现的。它不是一个完整的方法论,但可以和任何一种开发流程进行融合,测试驱动开发不但能够改善测试效果,还能够改进设计。

1.3 测试驱动开发

测试驱动开发起源于 XP 法中提倡的测试优先实践。测试优先实践重视单元测试,强调程序员除了编写代码,还应该编写单元测试代码。在开发顺序上,它改变了以往先编写代码、再编写测试的过程,而采用先编写测试、再编写代码来满足测试的方法。这种方法在实际中能够起到非常好的效果,使得测试工作不仅仅是单纯的测试,而成为设计的一部分。

在编写程序之前,每个人都会先进行设计的工作。可能有些人的设计比较正式,如绘制模型、编写文档,而有些人的设计只是存在于脑海之中。且不论设计是精细还是粗糙,我们都为随后的编码活动制定了一个标准。这个标准的明确程度和我们设计的细致程度有关。但应该承认,这个标准是不够细化的。因为我们的设计不可能精细到代码级的程度,而标准不够明确则会产生一些问题,例如,在编写代码的过程中,我们还可能会发现原先的设计出现问题,从而中途改变代码的编写思路,这将会导致成果难以检验,进度难以度量。

既然以设计为导向的标准不够明确,不够具体。那什么样的标准才是合适的呢?只能是代码,因为代码是最明确、最具体的。所以,测试优先的本质其实是目标管理。编写测试代码其实是在制定一个小目标,这个小目标非常的明确,它规定了我们需要设计的类、方法以及方法需要满足的结果。这些目标制定完成之后,我们才开始编写代码来达成该目标。测试的目标要比设计的目标力度更小,而成本上却更为经济,其原因有四个:

（1）细粒度的设计需要花费大量的成本，虽然 CASE 工具都提供了代码自动生成的功能，但结果往往难以令人满意，所以，设计如果要做到和测试相对的粒度，成本不菲，如果粒度不够细，指导的意义又不够。

（2）减轻了测试的工作量。无论是否进行设计工作，测试工作都是不可避免的。先进行单元测试，可以减少后续的测试工作量。

（3）采用测试优先的过程中，设计的粒度较大。因为，测试可以实现一部分的设计工作。这样，设计上可以节省一些工作量，例如，我们不再需要将类图细化到每个方法。

（4）在编写测试代码上花费的成本，会在回归测试上得到回报，测试的最大好处就是避免代码出现回归。两相权衡，编写测试的代价其实并不高。

有的人也许会说，我既不进行精细的设计，也不事先编写测试代码，这样的成本不是最低吗？请注意，我们的前提是在讨论高质量的软件设计。在一些规模较小的或是开发人员能力极强的项目中，确实可以如此办理，但是对于强调质量的大项目，这种处于混沌状态的开发思路是不可取的。

测试优先是软件开发中一种细粒度的目标管理方法，通过明确的目标，推动软件开发的进行。在业界中，采用测试作为评价软件标准的做法是非常常见的。例如，SUN 公司就专门设计了测试软件，对各个实现 JavaEE 规范的产品进行测试。使用测试作为规范的最大好处就是使得产品标准明确、具体。

1.3.1　优势

TDD 的基本思路就是通过测试来推动整个开发的进行。而测试驱动开发技术并不只是单纯的测试工作。

需求向来就是软件开发过程中最不容易明确描述、易变的部分，这里说的需求不只是用户的需求，还包括对代码的使用需求。很多开发人员最害怕的就是后期还要对某个类或者函数的接口进行修改或者扩展。之所以发生这样的事情就是因为这部分代码的使用需求没有很好的描述。测试驱动开发就是通过编写测试用例，优先考虑代码的使用需求（包括功能、过程、接口等），而且这个描述是无二义性且可执行验证的。

通过编写代码的测试用例，对其功能的分解、使用过程、接口都进行了设计，而且这种从使用角度对代码的设计通常更符合后期开发的需求。可测试的需求，对代码内聚性的提高和复用都非常有益。因此，测试驱动开发也是一种代码设计的过程。

快乐工作的基础就是对自己有信心，对自己的工作成果有信心，但是，目前很多开发人员却经常担心："代码是否正确？""辛苦编写的代码还有没有严重错误？""修改的新代码对其他部分有没有影响？"这种担心甚至导致开发人员应该修改某些代码时却不敢修改。测试驱动开发提供的测试集就可以作为我们的信心来源。

当然，测试驱动开发重要的功能还在于保障代码的正确性，能够迅速发现定位错误。而迅速发现、定位错误是很多开发人员的梦想。针对关键代码的测试集，记忆不断完善的测试用例。为迅速发展、定位错误提供了条件。

一段功能非常复杂的代码使用 TDD 开发完成，真实环境应用中只发现几个错误，而且很快被定位、解决。我们在应用 TDD 后，一定会被这种自信的开发过程，功能不断增加、完善的形式,迅速发现、定位错误的能力所感染,而喜欢这个技术。

1.3.2 原理

测试驱动开发的基本思想就是在开发功能代码之前,先编写测试代码。也就是说在明确要开发某个功能后,首先思考如何对这个功能进行测试,并完成测试代码的编写,然后编写相关的代码满足这些测试用例,然后循环添加其他功能,直到完成全部功能的开发。

我们把这个技术的应用领域从代码编写拓展到整个开发过程,应该对整个开发过程的各个阶段进行测试驱动,首先思考如何对这个阶段进行测试、验证、考核、并编写相关的测试文档,然后开始下一步工作,最后再验证相关的工作,图 1-1 是一个比较流行的测试模型——V 测试模型。

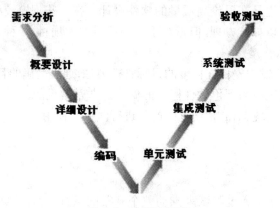

图 1-1　V 测试模型

在开发的各个阶段,包括需求分析、概要设计、详细设计、编码过程中都应该考虑相应的测试工作,完成相关的测试用例的设计、测试方案、测试计划的编写。这里提到的开发阶段只是举例,根据实际的开发活动进行调整,相关的测试文档也不一定非常详细的文档,或者什么形式,但应该养成的测试驱动的习惯。

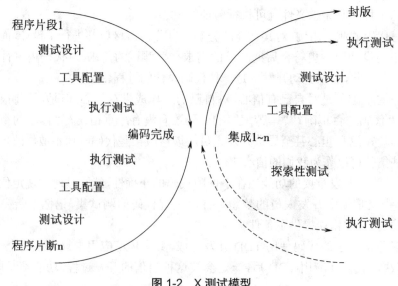

图 1-2　X 测试模型

关于测试模型,还有 X 测试模型(图 1-2)。这个测试模型是对详细设计阶段和编码阶段进行建模,应该说更详细的描述了设计阶段开发行为,即针对某个功能进行对应的测试驱动开发。

基本原理虽然非常简单,那么如何进行实际操作?下面对开发过程进行详细介绍。

1.3.3 过程

软件开发其他阶段的测试驱动开发需要根据测试驱动开发的思想完成对应的测试文档即可。下面针对详细设计和编码阶段进行介绍。

测试驱动开发的基本过程如下:

(1)明确当前要完成的功能,可以记录成一个 TODO 列表。

(2)快速完成针对此功能测试用例的编写。

(3)测试代码编译不通过。

(4)编写对应的功能代码。

(5)测试通过。

(6)对代码进行重构,并保证测试通过。

(7)循环完成所有功能的开发。

为了保证整个测试过程快捷、方便,通常可以使用测试框架组织所有测试用例,一个免费的,优秀的测试框架是 XUnit 系列,几乎所有的语言都有对象的测试框架。比如 Java 语言就有 JUnit,.NET 平台就有 NUnit 等。

1.3.4 原则

(1)测试隔离。不同代码的测试应该相互隔离,对代码的测试只要考虑代码的测试,不要考虑其现实的细节(比如它使用了其他类的边界条件)。

(2)一顶帽子。开发人员开发过程中要做出不同的工作,比如编写测试代码、开发功能代码、对代码重构等。做不同的事,承担不同的角色。开发人员完成对应的工作时应该保持注意力集中在当前工作上,而不要过多的考虑其他方面的细节,保证头上只有一顶帽子避免考虑无关细节过多,无谓增加复杂程度。

(3)测试列表。需要测试的功能点很多,应该在任何阶段想添加功能需求问题时,把相关功能点加到测试列表中,然后继续手头工作,不断地完善对应的测试用例,功能代码,重构操作。正阳,一是避免疏漏,二是避免干扰当前进行的工作。

(4)测试驱动。这是核心原则。完善某个功能,某个类,首先编写测试代码,考虑其如何使用、如何测试,然后在对其进行设计、编码。

(5)先写断言。测试代码编写时,应该首先编写对功能代码判断用的断言语句,然后编写相应的辅助语句。

(6)可测试性。功能代码设计、开发时应该具有较强的可测试性,其实遵循比较好的设计原则的代码都具备较好的测试性,比如较高的内聚性,尽量依赖于接口等。

(7)及时重构。无论是功能代码还是测试代码,对结构不合理,重复代码等情况,在测试工作后需要及时进行重构。

（8）小步前进。软件开发是一个复杂性非常高的工作，开发过程中要考虑很多东西，包括代码的正确性，可扩展性，性能等等。很多疑难问题都是因为复杂性太大导致的。极限编程提出了一个非常好的思路就是小步前进。把所有规模大、复杂是高的工作，分解成小的任务来完成。对于一个类来说，一个功能的完成，如果太困难就再分解，每个功能的完成都走测试代码一功能代码测试一重构的循环，通过分解降低整个系统开发的复杂性，这样的效果是非常明显的。几个小的功能代码完成后，大的功能代码几乎是不用调试就可以通过的，我们甚至会为这个速度感到震惊

接下来我们来看看有哪些技术可以提高我们测试的质量和速度。

1.4　测试技术

1.4.1　测试范围、粒度

对哪些功能进行测试？会不会太繁琐？什么时候可以停止测试？这些问题比较常见。按大师 Kent Benk 的话，对那些我们认为应该测试的代码进行测试，就是说，要相信自己的感觉，自己的经验，那些重要的功能，核心代码就应该重要测试。感到疲劳就应该停下来休息一下，感到没有必要更详细的测试，就停止本轮测试。

测试驱动开发强调测试并不应该是负担，而应该是帮助我们减轻工作量的方法。而对于何时停止编写测试用例，也是应该根据我们的经验。功能复杂或核心功能代码就应该编写更权限、细致的测试用例。

测试范围没有静态的标准，同时也应该可以随着时间改变和错误的出现对于开始没有编写足够的测试功能代码，根据错误补齐相关测试用例。

小步前进的原则，是要我们对大得功能测试时，应该先分拆成更小的功能块进行测试，比如一个类 A 使用了类 B、C，就应该编写到 A 使 B、C 功能测试代码前，完成对 B，C 的测试和开发、那么是不是每个小类或者小函数就应该测试呢？其实是不必要的，我们应该运用我们的经验，对那些可能出问题的地方重点测试，感觉不可能出问题的地方就等他真正出问题的时候在补测吧。

1.4.2　编写测试用例

测试用例编写使用传统的测试技术：

- 操作过程尽量模拟正常使用的过程；
- 测试用例应该尽量做到分支覆盖，核心代码尽量做到路径铺垫；
- 测试数据尽量包括：真实数据、边界数据；
- 测试语句和测试数据应该尽量简单，容易理解；
- 为了避免对其他代码过多的依赖，可以实现简单的桩函数或桩类；
- 如果内部状态非常复杂或者应该判断流程而不是状态，可以通过记录日志字符串的方法进行验证。

1.5　测试驱动开发需要注意的一些问题

使用测试代码建立目标,编写代码问题测试目标,在制定下一个目标,如此循环,构成了测试驱动开发的工作流程,在下面的内容里,我们开始讨论测试驱动开发中需要注意的一些问题。

1.5.1　测试必须是自动化的

和自动化测试相对应的是手动测试,手动测试有着自动化测试所没有的优势,最明显的就是简单,任何人都能都进行手动测试,即便是用户,也很容易掌握手动测试的技巧。手动测试只需要输入数据,观察的反应(输出),从而判断行为是否正确。大部分的手动测试都是对输入和输出的检验,是一个端到端过程,很能说明问题。

但是手动测试的存在的问题比它所带来的好处要多的多。手动测试可能引入错误,认为的输入过多,尤其在数据量大的情况下,大量重复性的手动测试可能成本高,如果考虑软件发生改动而发展重复手动测试的情况,这个成本还会更高。手动测试的覆盖面不广,只能够测试系统的输入输出,没有办法对组件进行隔离测试,从而导致发现问题和解决问题的成本太高。

基于上面的讨论,我们应该看到,测试应该做到自动化。虽然一开始自动化的成本较高,但是从整个开发过程来看,自动化测试所产生的价值远远超过其成本。

1.5.2　自动化测试的范围

那么到底有哪些东西是需要纳入到自动化测试的范围呢?例如,对于一个单行的分层应用包括数据库层、业务逻辑层、界面控制层,界面层。这些层次的测试特点各个不相同,哪些应该进行自动化测试呢?最理想的情况是全部。测试一切不可能是测试驱动开发的基本原则,让一切测试都变成自动化则是测试驱动开发的准则。

应该承认,建立自动化测试需要付出成本,有些自动化测试成本低,有些则较高。例如对业务的自动化测试相对容易,对关联到数据库业务的方法测试则繁琐一些,因为我们需要处理更多的情况,而界面的自动化测试比较困难,因为界面涉及大量的人机交互,手动测试是非常简单的但是自动化测试相当困难。

那么,像界面测试这样的成本高昂的测试不需要进行自动化呢?我们拿主流的 Web 界面来作为人机交互的范例。

首先,按照分层的原则,界面的层次上不应该拥有业务逻辑,界面层负责的事情是收集用户的动作,将用户的动作请求委托给后端的业务,并对动作进行响应,所以,和业务相关的逻辑已经被剥离到业务层了,它的自动化测试属于业务层。同时,我们还发现,在测试的推动下,软件的结构变得更加合理。

其次,虽然业务逻辑大量的迁移出界面层,但是界面层中的状态,还有控制逻辑。这些都是和界面的控制表现息息相关的。既然有逻辑,就需要测试,根据 MVC 的思路,界面层报行了模型,视图和控制器,模型是对业务层数据的封装,在 Java 的应用中,可能是不同的 Java

Bean,也可能是离线的数据封装,或是简单的数据集合。视图负责表现模型,而控制器的职责比较多,它需要负责处理和检查请求参数、调用业务对象并传递请求中所包含的数据、创建模型、生成视图并把模型传递给他。所以,在一个正确 MVC 界面设计中,甚至都不需要测试。一个完美的视图,他应该没有包含任何的逻辑,仅仅只是将数据模型以模型方式表现出来而已。一个设计优秀的视图,可以很容易的进行替换,而不会造成任何影响。

最后,从开发文化上来看,界面自动化测试的要求意味着开发人员需要先和用户进行充分的沟通,绘制出满足需求的页面,这其实是原型方法的应用,对开发过程是有利的。此外,开发人员需要慎重的思考页面的设计,保证页面设计的抗变性和可拓展性,否则,我们会发现测试代码变得非常的不稳定,从而导致一些不必要的麻烦,这种文化将会推动设计的发展。

所以我们看到,在一个成本较高的自动化测试领域通过合理的设计和引入工具,可以降低自动化测试的成本。而且,在上述讨论中,我们也发现,之所以自动化测试的成本高昂,往往是由于设计不当造成的,在界面混杂大量的逻辑,导致变化不断发生,不但代码需要修改,测试代码同样需要修改,设计的随便才是高成本真正的罪魁祸首,也正是这个原因,测试才能够驱动设计的优化。

1.5.3 测试的分类

在前面我们所讲的 V 测试模型中,我们看到的测试分类可以为:

(1)单元测试

单元测试是代码逻辑的黑盒测试,在测试驱动方法中,不太强调白盒测试(绝大多数的白盒测试都是通过评审进行的,这样做的好处是关注接口胜于关注实现,这是一种分析复杂软件的有效的办法),这一种我们在后续的文章中还会讨论,这个也是我们讲解重点。

单元测试是开发人员的职责。一般来说,测试的编码最后的由不同人来负责,避免出现盲点,以提高测试的有效性。但是单元测试的粒度很小,如果进行分工,沟通的成本相当高。此外采用测试优先的实践,对测试进行适当的培训,也能够有效的降低单个人的盲点范围。

(2)集成测试

集成测试的粒度和测试的范围比单元测试大,我们以数据库测试为例。现在需要对一个业务对象进行测试,它需要用到持久化机制。在单元测试中,我们将不涉及数据库而单独对业务对象进行的测试(使用 MO 技术,下文中讨论)。但是在集成测试中,我们需要将数据库的数据一致性也纳入进来,所以测试包括数据库的建立,业务方法的测试,数据库恢复等。

集成测试应该是构建重要组成部分,即构建标准中的测试标准。最好将集成测试交给QA 部门负责。QA 部门的精力可以放在使用或编写一些工具(Cactus 就是典型的单体和集成测试工具),建立标准的测试数据,安排测试计划等活动上。

(3)系统测试

系统测试是测试过程中的一个转折点,因为现在国内的企业专用,不同产品面对不同的用户群体,所以,有的企业经过第一产品的验收测试,有的企业则没有通过验收。而一些工具类或者通过类的产品验收测试是经过广大的用户群来做的,也就是说凡是通过类似产品的系统测试必须严谨测试以后,才可以投放到市场。但是对于企业或者其他专业性单位指定的产品我们必须进行验收测试。

系统测试工作是一个重复劳动的工作,需要在工作中把握几个重点:系统测试必须保证系统能够正常运转,包括功能,易用性、健壮性、压力、边界数值设定等各个方面的内容。要想在这个阶段的工作中找到乐趣,就要不停的摸索,找出能够将机器代替人的所有东西。

系统测试需要广泛的知识面,对测试工程师要求了解和掌握很多方面的知识,需要了解问题可能出现的原因,已经出现这个问题可能是由于什么原因造成的,以便我们能够及时的补充测试案例,保证或者减低产品推出的风险。

（4）验收测试

验收测试类似于客户验证产品的质量,在软件行业法中的过程中,各种承包项目类似于国外的外包项目将不断的出现,那么外包项目的质量问题需要大家共同讨论。

外包项目的操作流程是承包方提出具体的需求,由承包商开发项目,包括单元测试,系统测试,集成测试等各个方面的测试,经过被承包商测试后的产品提交给外包商的时候,需要进行验收测试,验收测试可以是外包商本身提供一套测试方案,然后对照具体需求,进行产品验证测试,也可以是双方找一个共同的第三方,进行产品的验证测试。

验收测试的测试重点主要是产品是否按照需求开发的,而不针对功能进行的测试,所以验收测试基本上不需要多少专业水平。也可以使承包商找到使用该产品的用户,来验证产品时候能满足使用需求。这样一来,双方可以有一个共同的平台,避免商业矛盾产生。

验收测试的手段目前来说还是靠用户体验。对照合同的需求进行测试,是第三方按照双方达成的共识来跟踪和测试软件时候能够达成需求。

1.5.4　测试的成本

虽然之前我们讨论了大量激动人心的思路和技术,我们可能会热血澎湃的打算在组织中实施测试驱动方法。但是测试驱动方法的引入不是简单地过程,对一些企业来说,甚至相当困难,这是因为以下这几个原因:

● 工作量的估算方面需要改变。在测试驱动方法中,一个开发人员除了需要编写实现代码,还要编写测试代码,这将会使得工作量上升,此外,为了自动化测试而设计的改进还将会需要一定时间。所以,开发人员学习测试驱动方法没有任何的意义,关键是需要为他们留出足够的时间。

● 项目进度。由于工作量的上升和新知识的使用,项目进度会迅速下降,然后随着开发人员熟练程度的提升和自动化测试的优势,项目进度会慢慢回升,如果实施成功,最终的项目速度将会超出实施前,如果实施失败,项目进度减缓是完全有可能的。

● 人员的主动性和勇气。根据我们的经验,不少的组织和开发人员都能够认识到测试驱动的好处,但是往往由于实现环境的原因,导致测试驱动方法的实施无以为继,组织由于项目的时间压力,导致其不敢对测试驱动方法进行推广,往往是浅尝辄止。个人由于缺乏足够的耐心和时间,导致其不愿和不敢对设计进行重构,而重构恰恰是测试驱动的前提。

1.5.5　建立测试文化

测试驱动方法不是一个简单的方法论,它也不会和任何的方法论进行竞争。事实上,无论我们的组织采用何种方法或过程,都可以从测试驱动中获利,因为它强调是质量文化。把测看作一项核心工作,测试同样需要重构,以及必须的文档。固定测试的目录组织和包组织,例如,一种较好的组织测试的方法是采用和源代码同样的包名,但处于完成不同的目录中。

测试是成为创建的核心步骤。测试是所有人的事情,而不仅是 QA 的事。

1.6　单元测试

在前面,我们主要讲解了测试驱动开发的一些基本知识,现在,我们要对测试驱动开发中的单元测试进行详细讲解,本书中,我们使用 JUnit 来完成单元测试。

单元测试是我们编写的一小段代码,用于检验被测代码的一个很小的、很明确的功能是否正确。通常,一个单元测试是用于判断某个特定条件(或者场景)下某个特定函数的行为。例如,我们可能把一个很大的值放入一个有序的 List 中,然后确认该值出现在 List 的尾部,或者我们可能会从字符串中删除匹配某种模式的字符,然后确认字符串确实不再包含这些字符了。

执行单元测试,是为了证明某段代码行为确实和开发者所期望的一致。对于客户或最终使用者而言,这种测试必要吗? 它与验收测试有关吗? 这个问题很难回答。事实上,我们在此并不关心整个产品的确认,验证和正确性等等,甚至此时我们都不去关心性能方面的问题,我们所要做的一切就是要证明代码的行为和我们的期望一致。因此,我们所谓的测试是规模很小的、非常独立的功能片段。通过对所有的单独部分的行为建立起信心,确信它们都和我们的期望一致,然后我们才能开始组装和测试整个系统。

毕竟,我们对手上正在写的代码的行为是否和我们的期望一致都没有把握,那么其他形式测试也都只有可能是浪费时间而已。在单元测试之后,我们还需要其他形式的测试,有可能是更正规的测试,但一切都要看环境的需要来决定了。

单元测试不但会使我们的工作完成得更轻松,而且会令我们的设计变得更好,甚至大大减少我们花在调试上面的时间。

当基本的底层代码不再可靠时,那么必要的改动就无法只有局限在底层。虽然我们可以修正底层的问题,但是这些底层代码的修改必然会影响到高层代码,于是高层代码也连带地需要修改,依次递推,就很可能会影响到更高层的代码。于是,一个对底层代码的修正,可能会导致对几乎所有代码的一连串改动,从而使修改越来越多,也越来越复杂。而单元测试的核心内涵是令代码变得更加完美。

1.7　JUnit 历史

在开发中,我们所做的第一件事是运行我们程序员自己的"验收测试"。编码,编译,然后运行。在运行时,我们也在测试,"测试"可能只是点击一个按钮,看是否会弹出期待的菜单。但是,不管怎么说,每天我们都在编码、编译,运行,并且测试。

在测试的时候,我们常常会发现问题,特别是在第一次运行的时候,所以我们再次编码,编译,运行。大多数人很快都会形成一种正式的测试模式:增加记录,查看记录,编辑记录,删除记录。手工运行这样的小测试集很简单,于是我们就手工做了,一遍又一遍地做。

有些程序员喜欢做这类重复的事情。在深入思索和艰难编码之后,能做些简单的重复事情是一种愉快的放松。而且当我们小小的"鼠标点击测试"最后获得成功,我们真切地获得了成就感。还有些程序员则不喜欢这种重复工作,他们宁愿编写一个小程序来自动运行测试,也不愿意手工测试。运行自动测试和编写测试代码是两码事。不要以为自动测试有多么复杂,实际上,自动测试能够很大程度上提高我们的工作效率和质量,而且编写自动测试是何等地简单、高兴并且有趣。

有些开发者觉得自动测试是开发过程的重要部分,一个组件除非通过了一系列彻底的测试,否则就无从证实它能运作。事实上,有两位开发者觉得这类"单元测试"如此重要,以至于值得为其专门写一个框架。在 1997 年,Kent Beck 和 Erch Gamma 为 Java 语言创建了一个简单有效的单元测试框架,称作 JUnit。这项工作遵循 Kent Beck 在早些时候,为 Smalltalk 创建为名为 SUnit 测试框架设计。

框架是一个应用程序的半成品,框架提供了可在运用程序之间共享的可复用的公共结构。开发者把框架融入他们自己的应用程序,并加以扩展,以满足他们特定的需要。框架和工具包的不同之处在于,框架提供了一致的结构,而不仅仅是一组工具类。

JUnit 是开源软件,所以, JUnit 很快成为了 Java 中开发单元测试框架的事实标准。实际上,JUnit 背后的测试模型(称作 XUnit)正成为任何语言的标准框架,ASP、C++、C#、Eiffel、Delphi、Perl、PHP、Python、REBOL、Smalltalk 和 Visual Basic 都已经有了 XUnit 框架,而这里只是列出了一小部分。

当然,JUnit 团队并没有发明软件测试,甚至也没有发明单元测试,单元测试这个术语描述的是检出一个工作单元的行为的测试。随着时代的发展,单元测试这个术语的运用也不扩展了。例如,IEEE 就把单元测试定义为"对单独的硬件或软件单元,或者一组相关单元的测试"。从我们的观点来看,典型的单元测试可以描述为:"确保方法接受预定期范围内的输入,并且对每个测试输入返回预期的结果"。这个描述要求我们通过接口来测试方法的行为,如果我们把值 X 传给方法,方法会返回 Y 吗? 如果我们传的值是 Z,方法会抛出相应的异常吗?

我们可以得出,单元测试是一个独立的单元。在 Java 应用程序中,"独立的一个工作单元"常常指的是一个方法(但并不总是如此)。作为对比,集成测试和验收测试则检查多个组件如何交互。一个工作单元是一个任务,它不依赖与其他任务的完成。

单元测试所关注的常常是方法是否满足 API 契约。就如同人们同意在某种条件下交换特定货物或者服务所写下的契约。API 契约被看作是方法接口的正式协定。方法要求调用者提供特定的值或对象,作为交换,该方法会返回特定的值或对象,如果契约不能满足,那么方法就抛出异常来表明契约没有被遵循。如果一个方法的行为同预期不符,那么我们说这个方法破坏了契约。

API 契约是指应用编程接口(API)的一种看法,把它看作是调用者或被调用者之间的正式协议。单元测试常常可以通过证实和期待的结果来帮助定义 API 契约。

1.8 手写单元测试

我们先为一个单元中的类从头开始创建单元测试,开始我们会手工编写一些测试,这样我们能够知道需要测试什么,从而使用 JUnit 来帮助我们完成单元测试。

我们先写一个简单的类 Calculator。代码如下:

```
示例代码 1-1:一个简单的计算类

package com.xtgj.s2tdd.chapter1;
public class Calculator {
    public double add(double number1,double number2){
        return number1+number2;
    }
}
```

在上面代码中,我们看到 Calculator 类的 add 方法接受两个 double 类型的值并返回它们的和。当然。上面的代码我们是能够通过编译的,我们也希望它能够在运行时工作正常。

在这里,我们还要记住单元测试的一条核心原则:"如果程序的某项功能没有经过测试,那该功能基本等于不存在。"这里的 add 方法是 Calculator 的核心功能之一,已经有代码要求实现了功能,唯一缺的就是一个证明实现能否正常工作的自动测试。

我们可以编写一个小命令行程序来输入两个 double 值,然后显示结果。这个测试程序可以把两个已知值传递给方法,并判断返回值是否用我们期望的相匹配。程序代码如下:

```
示例代码 1-2:一个简单的测试类

package com.xtgj.s2tdd.chapter1;
public class TestCaculator1 {
    public static void main(String[] args){
        Calculator calculator=new Calculator();
        double result=calculator.add(10, 50);
        if(result!=60){
            System.out.println("Bad result:"+result);
        }
    }
}
```

上面 TestCalculator1 非常简单。它创建 Calculator 一个实例,调用 add 方法,并把两个数字传递给该方法,并且检查返回值。如果结果不符合我们的期望,那么就在标准输出设备上输出信息。我们编译并执行该程序,测试会正常通过,并且看上去没有任何问题。但是。如果我们改变了代码,使得测试失败,那么又会怎么样呢? 我们必须小心地监视屏幕以找出错误信息。如果这样的话,那么岂不是在考核我们的监视能力?

在 Java 中,处理错误条件的传统方式是抛出异常,因为测试失败是一个错误条件,所以,我们可以尝试抛出异常。与此同时,我们还可能为 Calculator 类的其他方法来执行测试,比如 Subtract 或 Multitly,那么使用更加模块化的设计会使得捕获和异常处理变得更加容易,也使得以后扩展程序变得更加容易。下面的代码就是使用如下思想设计的。

示例代码 1-3:抛出异常方式的测试类

```java
package com.xtgj.s2tdd.chapter1;
import Javax.management.RuntimeErrorException;
public class TestCaculator2 {
    private int nbErrors=0;
    public void testAdd(){
        Calculator calculator=new Calculator();
        double result=calculator.add(10, 50);
        if(result!=60){
            System.out.println("Bad result:"+result);
        }
    }
    public static void main(String[] args){
        TestCaculator2 test=new TestCaculator2();
        try {
            test.testAdd();
        } catch (Throwable e) {
            // TODO: handle exception
            test.nbErrors++;
            e.printStackTrace();
        }
        if(test.nbErrors>0){
            throw new RuntimeException("There were"+test.nbErrors+"errors(s)");
        }
    }
}
```

在上面的代码中,我们把测试独立成一个方法。现在就可以简单的专注于测试所做的事情。这样。当我们为 Calculator 增加更多的方法,编写更多的单元测试,而不会让 main 方法变得难以维护。在主函数块中,当程序捕获到异常的时候,就输出异常信息,最后抛出一个异常。

1.9　了解单元测试框架

有几种最佳实践是单元测试框架应该遵守的。TestCalculator2 程序中这些看起来不重要的改进实际上体现了所有单元测试框架都应遵守的 3 条规则：

- 每个单元测试必须独立于其他单元测试而运行；
- 必须以单项测试为单位来检测和报告测量错误；
- 必须易于定义要运行哪些单元测试。

在上面两段代码中，后面一个测试程序已经接近这些规则了，但是还是有不足之处。比如。为了让单元测试真正的独立运行，应当让它们分别运行。如果我们添加一项新的单元测试，我们只有要通过添加新的方法，并且在 main 函数中增加相应的 try/catch 快就可以了，这样改动的代码不是很大。但是上面的做法还是存在很大的不足。最明显的问题就是，当有很多的 try/catch 时，对于程序员来说并不是一种好事情。

如果让我们自己去设计一个单元测试框架，我们首先要编写很多代码，而且还不一定能够完成满足上面提到的要求。令人高兴的是，JUnit 团队为我们提供了一个非常优秀而且好用的单元测试框架——JUnit。JUnit 框架已经支持对方法的注册和自我检测，而且会对每项测试分别报告错误。所以，我们只要使用 JUnit 就可以很快完成单元测试的工作。

1.10　JUnit

1.10.1　安装 JUnit

JUnit 是以 jar 文件的形式分发的。为了使用 JUnit 来为我们的应用程序编写测试，我们只需要把 JUnit 的 jar 文件添加到我们的项目编译 Classpath 中去就可以了。当我们运行测试时，还要把它添加到我们运行 Classpath 中去。

我们可以从网站下载一个 JUnit4.9b1.zip，它包含了几个单元测试示例，我们可以运行这些示例来熟悉 JUnit 测试过程。把下载的 zip 文件解压到本机目录下正确配置 Classpath，就可以使用 JUnit 进行测试了。或者在 MyEclipse 中，我们也可以通过数据库的形式将 JUnit 的 jar 包导入项目，这样是更方便的一种方法。如图 1-3 所示。

在图 1-3 中，单击"Next"按钮，在下拉列表中选择 JUnit 即可。

图 1-3　在 MyEclipse 里添加 JUnit4

1.10.2　使用 JUnit 测试

JUnit 有很多功能可以简化测试的编写和运行。用 JUnit 测试 Calculator 类代码会更加简单明了。

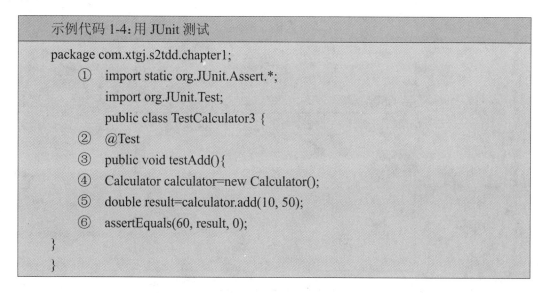

```
示例代码 1-4：用 JUnit 测试

package com.xtgj.s2tdd.chapter1;
①    import static org.JUnit.Assert.*;
      import org.JUnit.Test;
      public class TestCalculator3 {
②    @Test
③    public void testAdd(){
④    Calculator calculator=new Calculator();
⑤    double result=calculator.add(10, 50);
⑥    assertEquals(60, result, 0);
   }
   }
```

上面的代码非常简单：

第①行代码是把 JUnit 的 Assert.* 包导入。

第②行代码是加入 Test 单元测试注解，这里必须引入 org.JUnit.Test 类。

第③行代码是编写一个测试方法，只要方法加入 Test 单元测试注解，框架就会知道这是一个测试方法，可以自动执行。JUnit 并没有严格遵守 testXXX 这样的命名，但这是一种最佳实践，鼓励大家这样做。

第④行代码是通过创建 Calculator 类的实例（被测试的对象）开始了测试工作。

第⑤行代码是通过调用测试方法并传递 2 个值来执行测试。

第⑥行代码是 JUnit 框架开始发挥作用，为了检查测试结果，我们调用 assertEquals 方法，assertEquals 方法的声明如下：

```
public static void assertEquals(double expected,double actual,double delta);
```

其参数 expected 代表预期值，actual 代表实际值，delta 代表误差范围。

第⑥行代码中，我们把 3 个参数给了 assertEquals 方法，这三个参数分别：60，result,0。然后我们运行上面的测试程序（图 1-4）。

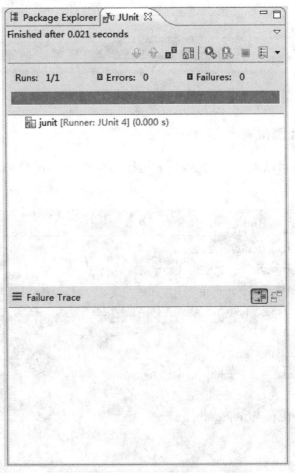

图 1-4　测试通过效果图

如果把 Calculator 的代码为：

```
public class Calculator {
    public double add(double number1,double number2){
        return number1+number2+1;
    }
}
```

即修改 add 方法中的实现代码为"numberl1+numberl2+1"，使其业务逻辑发生错误，这个时候，我们再次执行单元测试就可以发现运行结果如图 1-5 所示。

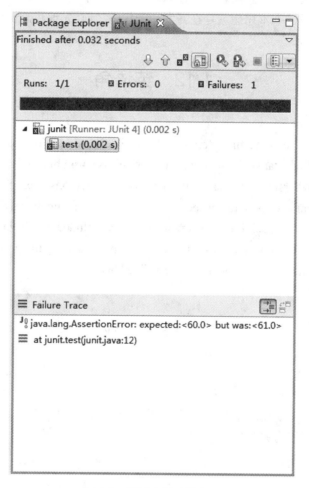

图 1-5　测试未通过效果图

从图 1-5 的运行结果，我们可以看到当测试未通过的时候。JUnit 框架就会把错误信息输出。我们也可以看出在 JUnit 中设计的目标是：

● 框架必须可以帮助我们编译有用的测试；

● 框架必须帮助我们创建随着时间的过去依然保持有用的测试；

● 框架必须通过复用代码降低就地编写的测试成本。

所以说,虽然手工编写简单单元测试并非难事,但当测试变得更为复杂,编写和维护测试就变得比较困难了。JUnit 是一个单元测试框架,使得创建、运行和修改单元测试变得简单。

1.11　小结

✓ 测试驱动开发起源于 XP 法中提倡的测试优先实践。
✓ 测试优先实践重视单元测试,强调程序员除了编写代码,还应该编写单元测试代码。
✓ 测试驱动开发的基本思路就是通过测试来推动整个开发的进行。
✓ 测试驱动开发的基本思想就是在开发功能代码之前,先编写测试代码。

1.12　英语角

Java has had a unit testing framework available to it for some time. It's celled (www.JUnit.org), and it's fantastic. It's currently on release 4(4.9bl as of this writing, to be exact). The major change in Version 4 is that JUnit now uses annotations (text prefixed by a @symbol. Which gives it special meaning to the compiler).We aren't going to talk much about previous versions of JUnit,since JBuilder 2007 ships with JUnit 4.x included, but if you are curious about the differences, then Antonio Conclaves has a fantastic article comparing the previous release to the 4.x release(see the References section for article the article URL).

1.13　作业

1. 测试驱动开发的基本过程是什么?
2. 测试驱动开发中需要注意的一些问题,其主要思想分别是什么?
3. 测试的分类可以为哪几种?
4. 请说说 JUnit 的作用?

1.14　思考题

如果我们不使用 JUnit,那么我们将如何完成单元测试,相对于使用 JUnit 而言其不足有哪些?

1.15　学员回顾内容

1. 测试驱动开发的基本知识。
2. JUnit 的基本思想和框架。

第 2 章　JUnit 的核心类

学习目标

♦ 掌握 JUnit 的框架组成。
♦ 掌握 JUnit 中的几个核心类的作用。
♦ 掌握利用 JUnit 的框架编写测试类。

课前准备

查看一些有关单元测试的资料，了解 JUnit 在项目开发中的作用

在上一章，我们已经得出结论，需要自动测试程序来进行重复测试。当我们增加新类的时候。我们常常想对原来测试过的类做出改动。当然，经验告诉我们，有时候类会以我们意想不到的方式相互作用，所以我们很有必要对所有的类进行全部测试，不管这些类有没有被改动过。但是我们如何运行各个 TestCase 呢？我们用什么来运行所有这些测试呢？

在本章中，我们将探索 JUnit 解决各种问题功能。首先，我们将概览 JUnit 的核心类：TestCase，TestSuite 以及 BaseTestRunner。然后，我们将更加细致地探索各种 TestRunner 以及 TestSuite，之后再详细讲解 TestCase. 最后，我们将观察这些核心类如何共同工作的。

2.1　探索 JUnit 核心

示例代码 2-1 是上一章中测试 Calculator 类的测试用例，此示例使用了 JUnit4 的新特性。

示例代码 2-1：简单的测试类

```
package com.xtgj.s2tdd.chapter2;
import org.junit.Test;
import com.xtgj.s2tdd.chapter1.Calculator;
import static org.junit.Assert.*;
public class TestCalculator3 {
    @Test
```

```
public void testAdd(){
    Calculator calculator=new Calculator();
    double result=calculator.add(10, 50);
    assertEquals(60, result, 0);
    }
}
```

在不使用注释的情况下，我们还可以将这个测试类写成如代码 2-2 所示。

示例代码 2-2：简单地测试类

```
package com.xtgj.s2tdd.chapter2;
import com.xtgj.s2tdd.chapter1.Calculator;
import junit.framework.TestCase;
public class TestCalculator31 extends TestCase {
    public void testAdd(){
        Calculator calculator=new Calculator();
        double result=calculator.add(10, 50);
        assertEquals(60, result, 0);
        }
    }
```

可以看出，该测试类继承了 junit.framework.TesCase 类。

在 JUnit 中，当我们需要编写更多的 TestCase 的时候，我们可以创建更多的 TestCase 对象，当我们需要一次执行多个 TestCase 对象的时候，我们也可以创建另一个叫做 TestSuite 的对象，为了执行 TestSuite，我们需要使用 TestRunner 来运行这个单元测试。

图 2-1 所示公式中，我们先要了解 TestCase,TestSuite,BaseTestRunner. 以及 TestResult 分别是什么。

TestCase ＋ TestSuite ＋ Base TestRunner ＝ TestResult

图 2-1　JUnit 通过 3 个成员得到测试结果

TestCase（测试用例）：扩展了 JUnit 的 TestCase 类的类，它以 testXXXX 的方法形式包含了一个或多个测试。一个 TestCase，把具有公共行为的测试归为一组。当我们提到测试的时候，我们指的是按一个继承自 TestCase 的类，也就是一组测试。

TestSuite（测试集合）：一组测试，一个 TestSuite 是把多个相关测试归入一组的便携方式。例如，如果我们没有为 TestCase 定义一个 TestSuite，那么 JUnit 就会自动提供一个 TestSuite，包括 TestCase 中所有的测试。

BaseTsetRunner（测试运行器）：一个执行 TestSuite 的程序。

这三个元素是 JUnit 框架的骨干。一旦我们了解了 TestCase，TestSuite，BaseTestRunner 的

工作方式,我们就可以随心所欲的编写测试了。在正常情况下,我们只需编写 TestCase,其他类会在幕后帮我们完成测试。

2.2　TestRunner

编写测试可能很有趣,但是为了执行测试所做的烦琐的工作就未必有趣了,当我们写完测试之后,会希望尽可能快捷的运行它们,希望把测试合并到开发循环中去,编码 - 运行 - 测试 - 编码(或者测试—编码—运行—测试)。要快速创建和运行应用程序,我们可以借助 IDE 和编译机。我们也可以借助 JUnit 中的 TestRunner 来尽可能快捷的运行测试。

JUnit 提供了一组进行测试的 TestRunner,这些 TestRunner 被设计成可以执行我们的测试并且可以提供关于结果的统计信息。因为它们是特地为这个目的而设计的,所以这些 TestRunner 用起来很简便。

在上一章我们就使用了 junit.textui.TestRunner 来运行我们的测试程序,其语法非常简单,我们可以在命令运行: junit..textui.TestRunner[TestClass] 或在测试类中单击右键选择"RunAs-JUnitTest"如图 2-2 所示。然 TestRunner 是 JUnit 提供的,接下来我们就要编写自己的 TestCase 了。

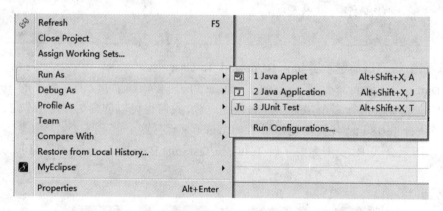

图 2-2　执行测试程序

2.3　TestCase

当我们要创建一个测试类的时候,我们都会先创建一个类,该类从 TestCase 类继承而来,就像示例代码 2-2 一样,在这里我们将详细讲解 TestCase 类。这样我们才能真正的了解如何编写测试类。

我们先来看看,在 JUnit 中提供的 TestCase 类,其声明如下:

> public abstract class junit.framework.TestCase extends junit.framework.Assert implements junit.framework.Test

从上面的声明中，我们首先知道 TestCase 是一个抽象类，其继承了 Assert 类，实现了 Test 接口。

我们先看看它的基类 Assert。

2.3.1　Assert 断言

编写代码时，我们总会做出一些假设，断言就是用于在代码中捕捉这些假设，可以将断言看作是异常处理的一种高级形式。断言表示为一些布尔表达式，程序员相信在程序中的某个特定点该表达式值为真。可以在任何时候启用和禁用断言验证，因此可以在测试时启用断言，而在部署时禁用断言。同样，程序投入运营后，最终用户在遇到问题时可以再重新启用断言。JUnit 提供了一系列 assert 核心方法，其中 assert 方法全部放在 Assert 类中。

下面每个方法都会记录测试是否失败（断言为假）或者有错误（遇到一个意料外的异常）的情况，并且通过 JUnit 的一些类来报告这些结果，对于命令行版本的 JUnit 而言，这意味着将会在命令行控制台上显示一些错误的消息。对于 GUI 版本的 JUnit 而言，如果出现失败或者错误，将会显示一个红色的条和一些用于失败进行信息说明的辅助信息。

当一个失败或者错误出现的时候，当前测试方法的执行流程将会被终止，但是其他测试（位于同一个测试类中）将会继续运行。

断言是单元测试最基本的组成部分。因此，JUnit 程序库提供了不同形式的多种断言，总结一下 JUnit 类中 assert 方法的分类。

1.assertEquals

这是使用得最多的断言形式。该方法有很多重载函数。如果我们在第一章使用过的 public static void assertEquals(double expected,double actual,double delta)。还有其他一些如下，简洁起见，这里只列举了函数的声明：

> public static void assertEquals(java.lang.Stringmessage,java.lang.Objectexpected,java.lang.Object actual);
> public static void assertEquals(java.lang.Object expected,java.lang.Object actual);
> public static void assertEquals(java.lang.String message,java.lang.String expected,java.lang.String actual);
> public static void assertEquals(java.lang.String expected,java.lang.String actual);

在上面的参数中，expected 是期望值（通常是硬编码）actual 是被测试代码实际产生的值，message 是一个消息，如果提供的话，将会在发生错误的时候报告这个消息，当然，我们完成可以不提供这个 message 参数，而只提供 expected 和 actual 这两个值。

任何对象都可以拿来做相等性测试，适当的相等性判断方法会被用来做这样的比较。譬如，我们可能会使用这个方法来比较两个字符串的内容是否相等。此外，对于原生类型（boolean，int，short 等）和 Object 类型也提供了不同的函数签名。值得注意的是使用原生数组的 equals 方法时,它并不是比较数组的,而只是比较数组引用本身。

计算机并不能精确地表示所有的浮点数(在 Java 中,类型为 float 或者 double 的数),这就需要指定一个额外误差参数。它表明了我们需要精确接近到一定程度才能认为两个值"相等",对于商业程序而言,只要精确到一个小数点后 4 位或者后 5 位就足够了。对于进行科学计算的程序而言,则可能需要更高的精度。

我们再来看一个示例。下面的断言如示例代码 2-3 所示,将会检查实际的计算结果是否等于 3.33,但是该检查只精确到小数点的后两位:

```
示例代码 2-3:Equals 测试

package com.xtgj.s2tdd.chapter2;
import junit.framework.TestCase;
public class TestEquals1 extends TestCase {
    public void testEquals(){
        assertEquals("Should be 1/3",3.33,10.0/3.0,0.01);
    }

}
```

2. assertNotNull/assertNull

这个函数用于判断一个对象是否非空(空)。其声明形式包括:

```
assertNotNull(java.lang.Object object)
assertNotNull(java.lang.String message,java.lang.Object object)
assertNull(java.lang.Object object)
assertNull(java.lang.String message,java.lang.Object object)
```

验证一个给定的对象是否为 Null(或者为非 Null),如果答案为否,则将会失败(如示例代码 2-4 所示)。

```
示例代码 2-4:Null 测试

package com.xtgj.s2tdd.chapter2;
import junit.framework.TestCase;
public class TestNull1 extends TestCase{
    public void testNull(){
        assertNotNull(null);
        assertNotNull("is not null",new Object());
    }
}
```

3. assertSame

这个函数用于判断两个对象是否指向同一个引用。其声明形式包括：

```
assertSame(java.lang.Object expected,java.lang.Object actual)
assertSame(java.lang.String message,java.lang.Object expected,java.lang.Object actual)
```

验证 expected 参数和 actual 参数所引用的是否为同一个对象如示例代码 2-5 所示。如果不是的话，将会失败。其中 message 参数是可选的。

```
示例代码 2-5：Same 测试
package com.xtgj.s2tdd.chapter2;
import junit.framework.TestCase;
public class TestSame1 extends TestCase{
    public void testSame(){
        assertSame("hello","hello");
        assertSame(new String("hello"),new String("hello"));
    }
}
```

4. assertTrue

这个函数用于验证给定的二次元条件是否为真，如果为假的话，将会失败。其中 message 参数是可选的。其声明形式如下：

```
assertTrue(boolean condition)
assertTrue(java.lang.String message,boolean condition)
```

对于这种写法，除非是被用于确认某个分支，或者异常逻辑才有可能是正确的选择，否则的话很可能就是一个糟糕的主意，显然，我们怎么都不会愿意在一页代码中看到只有在该页的末尾出现许多 assertTrue(true) 语句（也就是说只是为了确认代码能够运行到末尾，没有中途死掉，并以为它就必然工作正常了）。

除了测试条件为真之外，我们也可以测试条件是否为假：

```
assertFalse(boolean condition)
assertFalse(java.lang.String message,boolean condition)
```

上面代码用于验证给定的二元条件是否为假：如果不是的话（为真）该测试将会失败，message 参数是可选的。

```
示例代码 2-6: True Or False 测试

package com.xtgj.s2tdd.chapter2;
import junit.framework.TestCase;
public class TestTrueOrFalse1 extends TestCase{
    public void testTrueOrFalse(){
        assertTrue(3>2);
        assertTrue(1>2);
    }
}
```

5.fail

此断言将会使测试立即失败,其中,message 参数是可选的,这种断言通常是用于标记某个不应该到达的分支(例如,在一个预期发生的异常之后)。其声明形式如下:

```
fail()
fail(java.lang.String message)
```

例如:

```
示例代码 2-7: Fail 测试

package com.xtgj.s2tdd.chapter2;
import junit.framework.TestCase;
public class TestFail1 extends TestCase{
    public void testFail(){
        if(new Exception()!=null){
            fail("fail");
        }
    }
}
```

6. 使用断言

一般而言,一个测试方法会包含多个断言,因为我们需要验证该方法的多个方面以及内在的多种联系,当一个断言失败的时候,该测试方法将会被一一终止,从而导致该方法中剩余的断言就无法执行。此时,我们没有别的方法,只能在继续测试之前先修复这个失败的测试,以此类推,我们不断地修复一个又一个的测试,沿着这条路径慢慢前进。

我们应该期望所有的测试在任何时候都能够通过,在实践中,这意味着当我们引入一个bug 的时候,只有一到两个测试会失败。在这种情况下,把问题分离出来将会相当容易。当又测试失败的时候,无论如何都不能给原有代码再添加新的特性!此时,我们应该尽快的修复这个错误,直到让所有的测试都能顺利通过。

　　为了遵行上面的这种原则,我们需要能够运行所有测试、一组测试、某个特殊子系统等等的辅助方法 .

2.3.2　TestCase 成员

　　除了 Assert 提供的方法之外,TestCase 还实现了 10 个它自己的方法。表 2-1 是 TestCase 提供的 10 个方法。

表 2-1　TestCase 提供的方法

方法	描述
countTestCases()	计算 run 方法所执行的 TestCase 的数目(由 Test 接口规定)
creatResult()	创建默认的 TestResult 对象
getName()	获得 TestCase 的名字
Run()	运行 TestCase 并收集 TestResult 中的结果(由 Test 接口规定)
runBare()	运行测试序列,但不执行任何特殊功能
runTest()	重载运行测试,并断言其状态
setName()	设置 TestCase 名字
setUp()	初始化,例如打开网络连接。这个方法会在测试执行之前被调用(由 Test 接口规定)
tearDown()	销毁,例如关闭网络连接。这个方法会在测试执行之后被调用(由 Test 接口规定)
toString()	返回 TestCase 字符串表示

　　在实践中,很多 TestCase 都会用到 setUp 和 tearDown 的方法。表 2-1 中的其他方法基本上只有为 JUnit 编写扩展的开发者才会感兴趣。接下来,我们来看看 setUp 和 tearDown 的方法使用。

　　每个测试的运行都相互独立的,从而我们就可以在任何时候以任意的顺序运行每个单元的测试。为了获得这样的好处,在每个测试开始之前,都需要重新设置某些测试环境,或者在测试完成之后释放一些资源。JUnit 的 TestCase 类提供两个方法供我们改写,分别用于环境的建立和清理:

```
protected void setUp()
protected void tearDown()
```

　　TestCase 会在运行每个测试之前调用 setUp 并且在每个测试完成之后调用 tearDown。把不止一个测试方法放进同一个 TestCase 的一个重要理由就是可以共享这些代码。它们的执行过程如图 2-3 所示。

图 2-3　TestCase 在执行过程中的顺序

　　需要使用 setUp 和 tearDown 中的一个典型例子就是数据库的连接。如果一个 testCase 包括好几项数据库测试,那么它都需要一个新建立的数据库连接,通过 fixture 就可以很容易地为每个测试开启一个新的连接,而不必重复编写代码。我们还可以用 setUp 和 tearDown 来生成输入文件,这意味着我们不必在测试中携带测试文件,而且在测试开始之前状态总是已知的。

　　例如,假设对于每个测试,我们都需要某种数据库连接,这时,我们就不需要在每个测试方法中重复建立连接和释放连接了,而只需在 setUp 和 tearDown 方法中分别建立和释放连接。

示例代码 2-8:在 setUp 和 tearDown 方法中分别建立和释放连接

```java
package com.xtgj.s2tdd.chapter2;
import java.sql.Connection;
import java.sql.SQLException;
import junit.framework.TestCase;
public class TestDB extends TestCase{
    private Connection dbConn;
    protected void setUp() throws SQLException{
        dbConn=DBConnection.getConn();
    }
    protected void tearDown() throws SQLException{
        dbConn.close();
        dbConn=null;
    }
    public void testAccountAccess(){
        //Uses dbConn
    }
    public void testEmployeeAccess(){
        //Uses dbConn
    }
}
```

　　在以上的例子中,在调用 testAccountAccess() 之前,将会先调用 setUp()。然后在 testAccountAccess() 完成时,会接着调用 tearDown()。在第二个测试函数 testEmployeeAccess() 中,也是按顺序先调用 setUp(),再调用该函数,最后调用 tearDown()。

　　在我们开始编写自己的测试的时候,请记住第一条规则,保持测试的独立性,每个单元测试都必须独立于其他所有单元测试而运行。单元测试必须能以任何顺序运行,一项测试不能依赖于前面的测试造成的改变(比如把某个成员变量设置成某个状态)。如果一项测试依赖于其他测试,那么我们是自找麻烦。下面是相互依赖测试会造成的问题。

● 不具有可移植性——默认情况下,JUnit 是利用反射的测试方法,反射 API 并不保证满足方法名的顺序。那么花时间维护测试,而这些时间本可以用来开发代码。

● 不够清晰——为了理解相互依赖的测试是如何工作的,我们必须理解每个测试是如何工作的,这样测试变得难读也难以掌控。好的测试必须简单易懂、易于掌控。

2.4　TestSuite

如我们之前所看到的一样,一个测试类包含一些测试方法:每个方法包含一个或多个断言。但是测试类也能调用其他测试类,可以是单独的类、包,甚至是完整的一个系统。若想运行多个 TestCase,或者如果想在多个 TestCase 中选一部分,我们只要在 TestCase 和 TestRenner 之间添加某种容器,用来把几个测试归在一起。并且把它作为一个集合一起运行。但是,我们在多个 TestCase 的运行得以简化的同时,我们也不会希望让运行单个 TestCase 变的复杂化。

JUnit 使用 TestSuite 来完成这个工作。TestSuite 被设计成可以运行一个或多个 TestCase,TestRunner 负责启动 TestSuite,而要运行哪些 TestCase 则由 TestSuite 来绝定。

任何测试类都会包含一个名为 suite 的静态方法。

```
public static Test suite()
```

我们可以提供 suite() 的方法来返回任何我们想要的测试集合,如没有 suite() 方法,JUnit 会自动运行所有的 testXXX 的方法。但是我们可能需要手工添加特殊的测试,包括其他 suite。在第一章最后的例子中,我们没有定义 TestSuite,这个例子是怎样运行起来的呢?为了保持让简单的事情可以轻松搞定,若我们没提供自己的 TestSuite,TestRunner 会自动创建一个。

缺省的 TestSuite 会扫描我们的测试类,找出所有以 test 开头的方法,缺省的 TestSuite 在内部为每个 testXXX 方法都创建一个 TestCase 的实例,要调用的方法的名称会传递给 TestCase 的构造函数,这样每个实例就有独一无二的标识。

例如,假设我们已经有类似于我们在 TestClassOne(示例代码 2-9)类中看到多的那样普遍的一套测试。

示例代码 2-9: TestClassOne 类

```
package com.xtgj.s2tdd.chapter2;
import junit.framework.TestCase;
public class TestClassOne extends TestCase{
    public TestClassOne(String method){
        super(method);
    }
    public void testAddition(){
```

```
        assertEquals(4, 2+2);
    }
    public void testSubtraction(){
        assertEquals(0, 2-2);
    }
}
```

现在假设我们有第二个类 TestClassTwo（示例代码 2-10）。它使用了一些复杂算法来寻找我们旅行上提供的旅游路程的最短行程。在他要去的地图上前 n 个城市，我们假设该算法就这样一种情况，当成是数目小的时候，它能工作正常，但是该算法是一个指数型的算法－比如，上千个城市的问题可能需要 1000 年才能运行出结果。而 50 个城市可能需要花上数小时运行时间，但是，当城市在 10 以内的时候，花费几分钟。因此，在默认情况下，我们可能不想包括一些测试的时间非常长的方法。

示例代码 2-10: TestClassTwo 类

```
package com.xtgj.s2tdd.chapter2;
import junit.framework.TestCase;
import junit.framework.TestSuite;
public class TestClassTwo extends TestCase{
    public TestClassTwo(String method){
        super(method);
    }
    public void testLongRunner() throws InterruptedException{
        // 在这里的测试时间可能会有几天时间
        Thread.sleep(Long.MAX_VALUE);
        assertEquals(1, 1);
    }
    public void testShortTest() throws InterruptedException{
        // 在这里的测试时间可能会有几分钟
        Thread.sleep(500000);
        assertEquals(1, 1);
    }
    public void testAnotherShortTest() throws InterruptedException{
        // 在这里的测试时间可能会有几十秒
        Thread.sleep(50000);
        assertEquals(1, 1);
    }
```

```
    public static TestSuite suite(){
        TestSuite suite=new TestSuite();
        // 在这个测试中，我们只测试运行时间少的方法
        suite.addTest(new TestClassTwo("testShortTest"));
        suite.addTest(new TestClassTwo("testAnotherShortTest"));
        return suite;

    }

}
```

测试代码编写好了，但要运行时我们必须显示说明我们要运行。如果没有这个特殊的机制，当我们调用 TestSutie 的时候，只有那些运行不花费多少时间的测试会被运行。

而且，此时我们看到构造方法的 String 参数是做什么用的了，它让 TestCase 返回了一个对命名测试方法的引用。这儿，我们使用它来得到那两个耗时少的方法的引用，以把它们包含到 TestSuite 之中。

我们可能想要有一个高一级别的测试来组合这两个测试类，如示例代码 2-11 所示。

示例代码 2-11：TestClassComposite 类

```
package com.xtgj.s2tdd.chapter2;
import junit.framework.TestCase;
import junit.framework.TestSuite;
public class TestClassComposite extends TestCase{
    public TestClassComposite(String method){
        super(method);
    }
    static public TestSuite suite(){
        TestSuite suite=new TestSuite();
        //Grab everything
        suite.addTestSuite(TestClassOne.class);
        //Use the suite method
        suite.addTestSuite(TestClassTwo.class);
        return suite;

    }

}
```

现在如果我们运行 TestClassComposite，以下单个测试方法都将被运行：
- 来自 TestClassOne 的 testAddition()
- 来自 TestClassOne 的 testSubtraction()
- 来自 TestClassTwo 的 testShortTest()
- 来自 TestClassTwo 的 testAnotherShortTest()

我们可以继续这种模式:另外一个类可能会包含 TestClassComposite,这将使得它包括上面所有的测试方法。另外还会有它包含的其他测试的组合,等等。

让我们来展示一下所有这些 TestSuite 是如何系统工作的,就以上一章的代码(示例代码 2-12)为例。

```
示例代码 2-12:Calculator 类

package com.xtgj.s2tdd.chapter2;

public class Calculator {
    public double add(double number1,double number2){
        return number1+number2;
    }
}
```

示例代码 2-13 所示的 TestCalculator 类为例,这是个非常简单的测试类,只有一个测试方法。

```
示例代码 2-13:简单的测试类

package com.xtgj.s2tdd.chapter2;
import junit.framework.TestCase;
public class TestCalculator extends TestCase{
    public void testAdd(){
        Calculator calculator=new Calculator();
        double result=calculator.add(10, 50);
        assertEquals(60, result,0);
    }

}
```

当我们通过键入 java junit.swingui.TestRunner TestCalculator 来启动 JUnit TestRunner 的时候,JUnit 框架行了如下动作:

- 创建一个 TestSuite。
- 创建一个 TestResult。
- 执行测试方法(在这个例子中是 testAdd)。

TestRunner 一开始先找 TestCalculator 类中的 suite 的方法,若找到了,那么启动 TestSuite。因为 TestCalculator 类中没有 suite 方法,所以 TestRunner 创建一个默认的 TestSuite 对象。其 UML 图如图 2-4 所示。

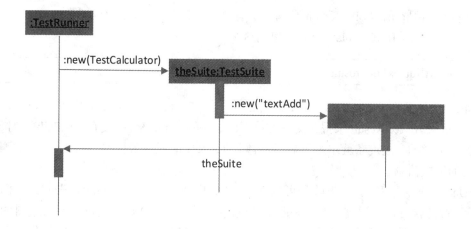

图 2-4   UML 示例图

如果我们在测试代码中显或定义了 suite 方法，例如：

```
public static TestSuite suite(){
TestSuite suite = new TestSuite();
suite.addTest(new TestCalculator("testAdd"));
reutrn  suite;}
```

那么，测试会调用该 suite 方法，其 UML 图如图 2-5 所示。

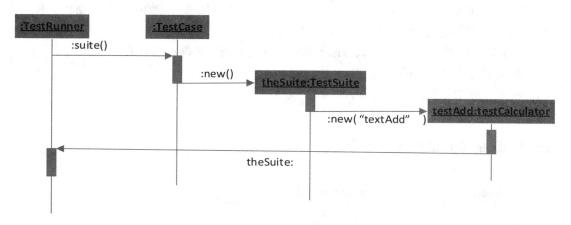

图 2-5   JUnit 创建了一个现实的 TestSuite

2.5   TestResult

TestResut 负责收集 TestCase 的执行结果。如果所有的测试都可以顺利完成，那么为什么还要运行它们呢？所以，TestResult 存储了所有测试的详细情况，是通过还是失败。

本章所示的 TestCalculator 程序，包括这么一行：

```
assertEquals(60, result, 0);
```

如果结果不等于 60，那么 JUnit 就会创建一个 TestFailure，他会储存在 TestResult 当中。TestRunner 使用 TestResult 来报告测试结果，如果 TestResult 集合中没有 TestFailure 对象，那么代码就是干净的。进度条就用绿色显示；否则，TestResult 就报告失败，并输出失败的测试数目和它们的堆栈信息。

JUnit 区分失败和错误，失败是可预期的，代码中改变不时会遭到断言失败。我们只有修正代码，断言就可再次通过，但是测量（比如常规程序的异常）则是测试是不可预料的。当然错误可能意味着支撑环境中的失败，而不是测试本身的失败。当遇到错误，好的分析步骤是：

● 检查环境；
● 检查测试；
● 检查代码。

2.6　JUnit4 新特性

JUnit 发展至今，版本不停的翻新，但是所有版本都一直致力于解决一个问题，那就是如何发现编程人员的代码意图，并且如何使得编程人员更加容易地表达他们的代码意图。JUnit4 也是为了如何能够更好的达到这个目的而出现的。

Junit4 主要提供了以下三个大方面的新特性来更好的抓住编程人员的代码意图：

● 提供了新的断言的语法（Assertion syntax）；
● 提供了假设机制（Assumption）；
● 提供了理论机制（Theory）。

2.6.1　新的断言语法 assertThat

```
assertThat([value],[matcher statement]);
```

● value 是接下来想要测试的变量值。
● matcher statement 是使用 Hamcrest 匹配符来表达的对前面变量所期望的值得声明，如果 value 值与 matcher statement 所表达的期望值相符，则测试成功，否则失败。

新的断言语法 assertthat 具有以下优点：

● 优点 1：以前 Junit 提供了很多的 assertion 语句，如 assertEquals，assertSame，assertFalse，assertTrue，assertNotNull，assertNull 等，现在有了 JUnit4，一条 assertThat 即可以替代所有的 assertion 语句，这样可以在所有的单元测试中只使用一个断言方法，使得编写测试用例变得简单，代码风格变得统一，测试代码也更容易维护。

● 优点 2：assertThat 使用了 Hamcrest 的 Matcher 匹配符，用户可以使用匹配符规定而匹配准则精确的指定一些想设定满足的条件，具有很强的易读性，而且使用起来更加灵活。

● 优点 3：assertThat 不再像 assertEquals 那样，使用比较难懂的"谓宾主"语法模式（如 :assertEquals(3,x);）相反，assertThat 使用了类似于"主谓宾"的易读语法模式（如：assertThat(x,is(3));），使得代码更加直观，易读。

● 优点 4：可以将这些 Matcher 匹配符联合起来灵活使用，达到更多的目的。

● 优点 5：错误的信息更加易懂，可读且具有描述性 (descriptive)。

● 优点 6：开发人员可以通过实现 Matcher 接口，定制自己想要的匹配符，当开发人员发现自己的某些测试代码在不同的测试中重复出现，经常被使用，这时用户就可以自定义匹配符，将这些代码绑定在一个断言语句中，从而可以达到减少重复代码并且更加易读的目的。

2.6.2　假设机制

理想情况下，写测试用例的开发人员可以明确的知道所有导致他们所写的测试用例不通过的地方，但是有的时候，这些导致测试用例不通过的地方并不是很容易的被发现，可以隐藏的很深，从而导致开发人员在写测试用例时很难预测到这些因素，而且往往这些因素并不是开发人员当初设计测试用例时真正目的，他们的测试点是希望测试出被测代码中别的出错地方。

假设机制具有以下优点：

● 优点 1：通过对 runtime 变量进行取值假设，从而不会因为一个测试用例的不通过而导致整个测试失败而中断（the test passes），使得测试更加连贯。

● 优点 2：利用假设可以控制某个测试用例的运行时间，让其在自己期望的时候运行（run at a given time）。

2.6.3　理论机制

理论机制是对传统的 TDD 进行的一个延伸和伸展，它使得开发人员从开始的定义测试用例的阶段就可以通过参数集（理论上是无限个参数）对代码行为进行概括性的总的陈述，我们叫这些陈述为理论。理论就是那些需要无穷个测试用例才能正确描述的代码行为的概括性陈述。结合理论和测试，可以轻松地描述代码的行为并发现 bug。开发人员都知道它们代码所想要实现的概括性的总的目的，理论使得它们只需要在一个地方就可以快速的指定这些目的，而不要将这些目的翻译成大量的独立的测试用例。

理论机制具有以下优点：

优点 1：理论使得开发完全抽象的接口（Interface）更加容易。

优点 2：理论仍然可以重用以前的测试用例，因为以前的许多传统的具体的测试用例仍然可以被轻松的改写成理论测试实例。

优点 3：理论可以测试出一些原本测试用例没测出的 bug。

优点 4：理论允许配合自动化测试工具进行使用，自动化工具通过大量的数据点来测试一个理论，从而可以放大增强理论的效果。利用自动化工具来分析代码，找出可以证明理论错误的值。

2.6.4 JUnit4 对注解的支持

JUnit4 充分利用了 Java5.0 后新增的注解功能,因此操作起来更加方便快捷。这里我们简述 JUnit4 与以往开发方式的不同,当然,JUnit4 是仍然提供旧版本的支持的。我们仍然以第一章中的 TextCalculator3 为例。

```
示例代码 2-14:使用注解的测试类

package com.xtgj.s2tdd.chapter2;
import static org.junit.Assert.*;
import junit.framework.JUnit4TestAdapter;
import org.junit.After;
import org.junit.Before;
import org.junit.Test;
public class TestCalculator32 {
    public static junit.framework.Test suite(){
        return new JUnit4TestAdapter(TestCalculator32.class);
    }
    @Before
    public void setUp(){
        System.out.println("Init");
    }
    @Test
    public void testAdd(){
        Calculator calculator=new Calculator();
        double result=calculator.add(10, 50);
        assertEquals(60, result,0);
    }
    @After
    public void tearDown(){
        System.out.println("Clean");
    }
}
```

以前的测试用例类是需要继承 junit.framework.TestCase 的,但由于 JUnit4 充分利用了 java5.0 新增的注解功能,因此便无须再这样做了。

与 JUnit3.8.1 不同,在 JUnit4 中不再强调要求方法名以 test 开头,而是允许随意命名,只要符合 java 的命名规范就行,但测试用例以 @Test 注解。

此外,setUp 和 tearDown 这两个方法分别使用 @Before 和 @After 来进行注解,前者在每个测试方法开始之前执行,多用来做初始化;后者在每个测试方法完成之后执行,多用来清理资源。注意,这两个方法的命名同样没有限制,且定义的数量也没有限制,只是必须用 @Before 和 @After 进行注解。

另外,JUnit4 还提供了 @BeforeClass 和 @AfterClass 注解,功能与 @Before 和 @After 类似,但前者是用在所有用例执行之前做初始化、之后做清理,而后者是在每个用例执行之前做初始化之后做清理。

现在,我们想创建一个测试套件 TestSuite,并将 TestCalculator3 包括到此 TestSuite 中,起初发现这个操作实现不了。我们只好在 TestCalculator3 中添加方法说明,如下:

```
public static junit.framework.Test suite(){
    return new JUnit4TestAdapter(TestCalculator3.class);
}
```

原来 JUnit4 开发的测试用例没有继承 junit.framework.TestCase,TestSuite 无法添加该测试用例。我们在新编写的 suite 方法中使用的 junit.framework.JUnit4TestAdapter 类可以使基于 JUnit4 编写的测试用例运用于 JUnit3 环境。

使用 @RunWith 和 @Suite.SuiteClasses 对测试用例进行注解,以作为测试程序入口。将要测试的类 TestCalculator3 作为 @Suite.SuiteClasses 注解的参数,然后将测试套件 Suite 作为参数设置给运行器 @RunWith。可以更加简介的实现上述功能。这里注意一点,@Suite.Suite-Classes 注解支持数组,例如:@Suite.SuiteClasses({Test1.class,Test2.calss})(示例代码 2-15)。

示例代码 2-15:使用注解的测试套件

```
package com.xtgj.s2tdd.chapter2;
import org.junit.runner.RunWith;
import org.junit.runners.Suite;


@RunWith(Suite.class)
@Suite.SuiteClasses({TestCalculator32.class})
public class TestCalculator4 {


}
```

有关 JUnit4 的新特性,在这里限于篇幅,我们只做简单的介绍,上机部分的案例中充分体现了这些内容,更多的只是有待于我们做深入的探究,JUnit 可以用自动 suite 机制确保所有编写的测试都被运行。我们可以用 Ant、MyEclipse 和其他工具来做到这点,这个我们会在后面的章节中讲解。

2.7 小结

✓ Junit4 核心类为 TestCase、TestSuite 以及 BaseTestRunner。
✓ 当要创建一个测试类的时候,该类要从 TestCase 类继承而来,Junit4 则无需这样做。
✓ 类 Assert 是 TestCase 的一个基类。
✓ 断言是单元测试最基本的部分。
✓ TestCae 基础的类提供两种方法 setUp 和 tearDown,分别用于环境的建立和清理。
✓ TestSuite 被设计成可以运行一个或多个 TestCase。
✓ 任何测试类都会包含一个名为 suite 的静态方法。
✓ TestResult 负责收集 TestCase 的执行结果。

2.8 英语角

A key feature of JUnit that is provides a convneient spot to hang the scofolding(or fixture)that you need for a test.Also built into JUnit are several convenient assert methods that make tests quick and easy to build. With JUnit TestRunners unit tests become so convenient that some developers have made testing an integral part of writing code.

With the responsibilities of the JUnit classes defined, we presented a complete UML diagram of the JUnit cycle. Being to visualize the JUnit cycle can be very helpful when you're creating tests for more complex objects.

2.9 作业

1.TestCase、TestSuite、BaseTestRunner 以及 TestResult 的作用,以及它们之间的关系如何?
2.Assert 类提供了哪些断言方法,其具体作用分别是什么?

2.10 思考题

TestSuite 在 JUnit 中的作用,如果自己不设计 TestSuite,那么 JUnit 会如何执行单元测试?

第 3 章 JUnit 的自动化

学习目标

◇ 了解自动化测试的原理。
◇ 理解 Ant 的作用和功能。
◇ 掌握 buildfile 的编写。

课前准备

查看一些有关单元测试的资料，了解 Ant 在项目开发中的作用。

3.1 本章简介

为了使单元测试有效，他们必须成为开发流程中的一部分。大部分的开发周期都是在一开始的时候从项目源码库中导出模块的。在进行任何修改之前，谨慎的开发者会首先运行全套测试工具。许多团队的工作库必须通过所有单元测试的规范。在开始自己的任何开发之前，我们必须留意有没有谁违反了这条"全绿规定"。我们必须保持整体的工作进展是从已知的基线开始。

接下来就是编写新的用例的代码（或者修改原有的）如果我们是测试驱动开发（TDD）的实践者，我们就会开始针对用例编写新的测试。一般来说，这项测试将表明我们的用例未被支持，要么无法通过编译，要么在执行时显示红色状态条。一旦我们写下了实现用例代码，状态条将变绿，这样就可以调节我们的代码了。

无论如何，在我们给下一个功能编码前，我们必须有个测试证明我们的功能有效。在我们对新的功能编码完成后，我们也可以为前边的功能进行测试。这样我们就可以保证新的进展不会破坏旧的进展。如果老的功能需要修改以便适应新的功能，那么我们就得更新它的测试然后进行改动。

如果我们的测试很严格，为了帮助设计新的代码（TDD）并且保证不与老的代码冲突，我们就必须把持续的单元测试当作我们开发周期的一个普通部分，TestRunner 必须成为我们最好的朋友，我们还必须可以在任何时候不费功夫的自动进行这些测试。

针对一个类运行 JUnit 测试是不难的。但是，针对项目中成百上千个类执行持续测试，用命令行方式可不是有效的途径。被全面测试的项目中每一个类至少有一个测试类与之相对应。不能指望开发者每天手动执行整套回归测试。所以我们必须有一套方法来自动及时地执行关键测试。而不是依赖已经超负荷的人们。既然我们写了如此多的测试，我们就得尽可能有效的执行这些测试。使用 JUnit 必须是无缝的，就像调用一个编译工具或者代码着色插件一样。

Ant 是构建 Java 程序的事实标准，它是管理及自动化 JUnit 的卓越工具。Ant 会有效的建立我们的程序，但是它不会帮助我们编写代码。所以在这一章，我们将讲解如何使用 Ant 来进行自动化测试。

3.2　Ant 简介

3.2.1　Ant 的概念

1. Ant 的概念

Apache 的 Ant 是让我们轻松地编译和测试程序的构建工具，它是构建 Java 程序的事实标准。让 Ant 如此流行的一个原因是它不仅仅是工具，Ant 还是运行工具的构架，除了可以使用 Ant 配置和启动编译器，我们还可以使用它来生成代码，执行 JDBC 查询，还有我们看到的 JUnit 的整套测试工具。

像许多现在的项目一样，Ant 使用一个 XML 文件来进行配置，这个文件也就是构建文件，默认情况下被命名为 build.xml。Ant 的编译文件描述了我们项目中的每个任务。任务可能是编译 Java 的源码，所以我们可以执行某个单独的任务或把它们串起来。在后续章节我们就可以看到，作为编译过程的一部分，Ant 自动运行测试是如何进行的。

2.Ant 的优点

（1）跨平台性。Ant 是纯 java 语言编译写的，所以具有很好的跨平台性。

（2）操作简单。Ant 是有一个内置任务和可选任务组成的。Ant 运行时需要一个 XML 文件。Ant 通过调用 target 树，就可以执行各种 Task。每个 Task 实现了特定接口对象，由于 Ant 构建文件是 XML 格式文件，所以容易维护和书写，而且结构很清晰。

（3）Ant 可以集成到开发环境中，由于 Ant 的跨平台性和操作简单的特点，它很容易集成到一些开发环境中去。

（4）Ant 是一个开发软件，安装与配置都非常简单。在 Ant 的主页 http://ant.apache.org 中可下载最新的 Ant 版本。

3. Ant 的安装与配置

将下载的二进制文件直接解压缩到一个目录中，我们把它放在 C:\apache-ant-1.8.2 目录下。在运行之前还要配置 Ant 环境，Ant 在 Windows 系统中配置过程如下。

（1）右击我的电脑图标，在弹出菜单中单击属性命令，出现系统属性对话框。单击高级标签，如图 3-1 所示。

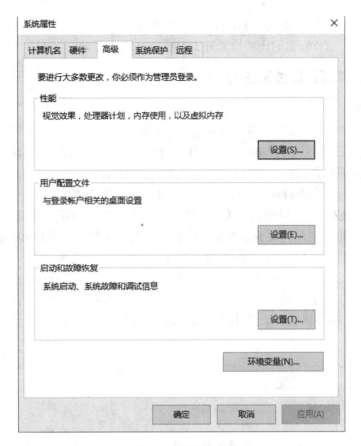

图 3-1　设置环境变量

（2）单机环境变量按钮，出现环境变量对话框，点击系统变量选项框的新建按钮，出现新建系统变量的对话框。

（3）在变量名和变量值对话框中分别填上"ANT_HOME"，和 Ant 的根目录，然后单击确定按钮。如图 3-2 所示。

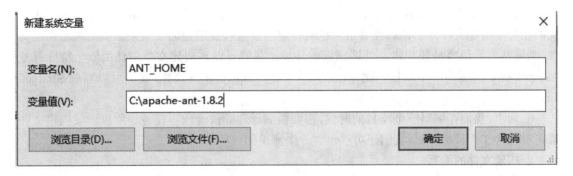

图 3-2　配置 ANT_HOME

（4）在环境变量对话框中双击 PATH 变量名，在变量值后加上 C:\apache-ant-1.8.2\bin，最后单击"确定"按钮。当然，我们还要设置好 JAVA_HOME 变量。

3.2.2　Ant 目标、项目、属性及任务

1.Ant 的要素

当我们构建了软件项目，我们感兴趣的常常不止是二进制码。作为最终的发布，我们除了想生成二进制类外还想生成 Javadoc。对于开发过程中的临时编译而言，我们可以跳过这一步。有时我们想完成编译，而有时我们只想编译改变了的类。

Ant 允许我们为每个项目建立一个构建文件以帮助管理构建过程，这个构建文件可以包含多个目标文件封装了建立程序和相关资源的不同任务。为了构建文件更容易配置和复用，Ant 允许我们定义动态属性的要素。Ant 的构建文件默认名称为 build.xml，也可以取它的名字，只要在运行的时候把这个命名当作参数传给 Ant 即可。与其说 Ant 是一个工具，还不如说它是用来运行工具的框架。我们可以使用属性要素来设定给一个工具所需的参数和运行该任务的一个任务。大量任务已被 Ant 捆绑，当然我们可以自己编写。构建文件可以放在任何位置，一般做法是放在项目顶层目录中，这样可以保持项目的简洁和清晰。下面是一个典型的项目层次结构：

- src 存放源文件；
- classes 存放编译后的文件；
- lib 存放第三方 jar 包。

Ant 的要素如下：

（1）构建文件（buildfile）：每个构建文件通常对应一个特定的开发项目。Ant 使用 project 作为 build.xml 中外层 XML 标记。project 要素定义了一个项目。它同样允许我们制定同样的目标。所以，我们可以运行 Ant 而不带任何参数。

（2）目标（target）：当我们运行 Ant，我们可以对一个或多个目标进行构建。目标同样可以声明它们依赖的其他目标，如果 Ant 运行一个目标，编译文件可以先运行其他多个目标，这允许我们建立一个依赖其他目标的发布目标，要清理、编译、产生 Javadoc 以及 jar。

（3）属性要素（property element）：一个项目中的许多目标有可能有相同的设定。Ant 允许我们在整个构建文件内创建属性要素来包装特定的要素和复用他们。如果谨慎的编写构建文件，则属性要素很容易使构建文件适应新的环境。我们可以在构建文件中使用一个特殊符号"${ property }"应用一个属性。比如：要引用一个叫 target.dir 的属性，我们可以写成 ${target.dir}。

实际上，我们在编写一个项目的时候，需要做编译、部署、清理等任务。所以一般构建文件都可以包含 3 个目标，当然我们还可以包含一个测试的目标。

2.构建文件的编写

我们先来看一个比较简单的 build.xml 文件。如示例代码 3-1 所示：

示例代码 3-1：简单的 build.xml 文件

```xml
<?xml version="1.0" encoding="UTF-8"?>
<project name="MyTask" basedir="." default="jar">
 <target name="clean" description="Delete all generated files">
     <delete dir="class"/>
     <delete file="MyTasks,jar"/>
</target>
 <target name="compile" description="Compiles the Task">
     <javac srcdir="src" destdir="classes"/>
</target>
 <target name="jar" description="JARs the Task">
<jar destfile="MyTask.jar" basedir="classes"/>
</target>
 </project>
```

在上面的文档中，我们可以看到该构建文件有三个目标文件，分别是 clean、compile 和 jar。

我们还可以在上面的 buildfile 中看到一些相同的值：src、classes、MyTask.jar，所以我们可以写一些属性来表示这些相同的值，这样当我们要修改这些值的时候，我们只要修改属性的值就可以了。

再有，如果编译一个或一组 Java 文件，就需要添加 <javac> 标记，并且设置正确的目标路径。当然，当我们在执行最后一个目标任务来执行 jar 任务的时候，我们必须保证编译是成功的，也就是说 jar 是依赖编译的，所以我们在最后一个任务中加上 depends 属性。

修改后的构建文件如下，其修改过的部分用粗体表示如示例代码 3-2 所示：

示例代码 3-2：简单的 build.xml 文件

```xml
<?xml version="1.0" encoding="UTF-8"?>
<project name="MyTask" basedir="." default="jar">
<property name="src.dir" value="src"/>
<property name="classes.dir" value="classes"/>
<target name="clean" description="Delete all generated files">
    <delete dir="${class.dir}" failonerror="false"/>
    <delete file="${ant.project.name}.jar"/>
</target>
<target name="compile" description="Compiles the Task">
<mkdir dir="${classes.dir}"/>
<javac srcdir="${src.dir}" destdir="${classes.dir}"/>
</target>
```

```
<target name="jar" description="JARs the Task" depends="compile">
<jar destfile="${ant.project.name}.jar" basedir="${classes.dir}"/>
</target>
</project>
```

上面的构建文件是非常简单的一个 Xml 文档，接下来，我们分析一下在构建文件中具体有哪些标记，其作用分别是什么。

（1）<project> 标签

每个构建文件应对以一个项目。<project> 标签是构建文件的根标签。他可以有多个内在的属性，就如代码中所示，其各个属性的含义分别如下。

- default：表示默认的运行目录；
- basedir：表示项目的基准目录；
- name：项目的名称；
- description：表示项目的描述。

每个构建文件对应于一个项目；但是大型项目经常包含大量的子项目，每个子项目都可以有自己的构建文件。

（2）<target> 标签

一个项目标签可以有一个或多个 target 标签。一个 target 标签可以依赖其他的 target 标签。例如上面的实例一个 target 用于编译程序，另一个 target 用于生成可执行文件。在生成执行文件之前要先编译该文件，因此，可执行文件的 target 依赖于编译程序的 target。target 的所有属性如下：

- name：表示目标名；
- depends 表示依赖的目标；
- if：表示该属性被设置时，该目标一定会执行；
- unless：表示该属性被设置时，该目标一定不会执行。

目标可能依赖其他的目标，比如：编译运行这两个目标，必须先编译完成，运行目标才可执行。并且一个 target 只能被执行一次，即使是多个 target 依赖于它的情况下。

我们来看下面的一组目标：

```
<target name="A"/>
<target name="B" depends="A"/>
<target name="C" depends="B"/>
<target name="D" depends="C,B,A"/>
```

如果我们要执行 D，从依赖属性来看我们可能认为：先执行 C，然后 B，最后 A。实际这种认为是错误的，因为 C 依赖 B，B 依赖 A，因此，正确的顺序是 A-B-C-D。

如果我们设置了 if 或者 unless 属性，我们就可以决定该 target 是否一定要被执行。如下面的代码：

```
<target name="bulid-module-A" if ="module-A-present"/>
<target name="bulid-own-fake-madule-A" if ="module-A-present"/>
```

在上面第一条语句，我们为 if 设置了一个值"module-A-present"（可以是任何值），该 target 将被执行。在第二条语句，由于我们为 unless 设置了一个值（同样可以是任何值），那么该 target 将不被执行。

（3）<delete> 标签

该标签用于删除一个或一组文件，其属性如下：

- ile: 表示要删除的文件；
- dir: 表示要删除的目录；
- includeemptydirs: 指定是否要删除空目录，默认值是删除；
- failonerror: 指定碰到错误是否停止，默认值是自动停止；
- verbose: 指定列出是否要删除的文件，默认值是不列出。

（4）<mkdir> 标签

该标签用于创建一个目录，它有一个属性 dir 用来制定所创建的目录名，如下代码：

```
<nkdir dir="${classes.dir}"/>
```

表示创建一个目录，目录名为 classes.dir 属性的值。

（5）<javac> 标签

该标签用于编译一个或一组 java 文件，其属性如下：

- srcdir: 表示原程序的目录；
- destdir: 表示 class 文件的输出目录；
- includes: 表示被编译的文件模式；
- excludes: 表示被排除的文件模式；
- classpath: 表示所使用的类路径；
- debug: 表示包含的调试的信息；
- optimise: 表示是否使用优化；
- verbose: 表示提供详细的信息；
- failonerror: 表示碰到错误就会自动停止。

（6）<jar> 标签

该标签用来生成一个 jar 文件，其属性如下：

- destfile: 表示 jar 文件；
- basedir: 表示被归档文件名；
- includes: 表示被归档文件模式；
- excludes: 表示被排除的文件模式。

（7）<java> 标签

该标签用来执行编译生成的 class 文件，其属性如下：

classname: 表示被执行的类名；

jar: 表示包含该类用到的类路径；

fork: 表示在一个新的虚拟机中运行该类；

failonerror: 表示碰到错误就会自动停止；

output: 表示输出文件；

append: 表示追加或者覆盖默认文件。

3. 示例

接下来，我们来看一个比较复杂的示例，该示例我们把它分解成几个部分来讲解。下面代码显示了某个项目的编译文件的前一部分，这部分设置了默认目标和任务中将使用的属性。

```
①  <project name="sampling" default="test">
②  <property file="build.properties" />
③  <property name="src.dir" location="src"/>
④  <property name="src.java.dir" location="${src.dir}/java1"/>
⑤  <property name="src.test.dir" location="${src.dir}/test"/>
⑥  <property name="target.dir" location="target"/>
   <property name="lib.dir" location="lib"/>
   <path id="compile.path">
       <fileset dir="${lib.dir}">
           <include name="**/*.jar"/>
       </fileset>
   </path>
⑦  <property name="target.classes.java.dir" location="${target.dir}/classes/java"/>
⑧  <property name="target.classes.jtest.dir" location="${target.dir}/classes/test"/>
[ 以下省略 ]
</project>
```

第①行，给项目命名为 sampling 并且设定默认目标以便测试。

第②行，包含了一个 build.properties 文件，这个文件包括依赖执行文件而必须在用户的系统上改变的 Ant 属性。例如，这些属性包含发布包的位置。由于程序员可能把包存储在不同的位置，在文件 build.properties 中定义他们是很好的做法。许多开放源码提供 build.properties.sample 文件。我们可以复制他们为 build.properties，然后编辑以便适应我们的环境。

第③~⑧行，目标需要知道产品和测试源码的位置。使用 Ant 属性任务来定义这些值以便他们能够被复用和方便地变更。在第③~④行，定义了相关源码树的属性，在第⑦~⑧行来定义相关输出树（编译的生成文件将放在这地方）的属性。请注意，应该使用不同的属性来定义编译输出和测试类存放的路径。把它放在不同的目录下是好的做法，因为这样我们就可以很容易的把成品类放在 jar 中而不必在其中放入测试类。

Ant 属性是不可变的，一旦被设定，就不能更改了。例如，如果任何属性在 build.properties 被载入后重新定义，那么新设定的值将被忽略的，第一次设定的值总是有效的。

在我们定义好一些属性以后，我们就需要进行编译的工作了。

3.2.3 javac 任务

对于简单的工作,从命令行运行 javac 编辑器是很简单的。但是在有多个包的产品中,小心使用 javac 和设定 classpath 是件极为艰巨的工作,Ant 的 javac 任务会替我们打理编辑器和 classpath,使得编译项目变得容易且自动化。

Ant 的 javac 任务通常被命名为 compile 之类的目标所调用。在调用前后,我们可以执行任何想要的文件操作作为目标的一目部分。javac 任务允许我们设置任何标准选项,包括目录。我们同样可以为我们的源头文件提供一系列路径,这对于待测试的项目是很方便。因为我们可以把产品类保存在一个文件夹,把测试类保存在另一个文件夹。

下面代码列出了示例项目中用来调用 java 编译器的编译目标,既有产品代码也有测试代码。

```
[ 以上省略 ]
① <target name="compile.java">
② <mkdir dir="${target.classes.java.dir}"/>
③ <javac destdir="${target.classes.java.dir}" classpathref="compile.path">
④ <src path="${src.java.dir}"/>
      </javac>
</target>
⑤ <target name="compile.test" depends="compile.java">
⑥ <mkdir dir="${target.classes.test.dir}"/>
⑦ <javac destdir="${target.classes.test.dir}" classpathref="compile.path">
⑧ <src path="${src.test.dir}"/> ⑩⑩⑩
⑨ <classpath>
⑩ <pathelement location="${target.classes.java.dir}"/>
</classpath>
</javac>
</target>
⑪<target name="compile" depends="compile.java,compile.test"/>
[ 以下省略 ]
```

第①行,定义一个名为 compile.java 的目标来编译 Java 产品源码。

第②行,保证产品类文件的目录存在,确定编译文件开始部分的属性,并取代变量符号 ${target.classes.java.dir}。如果这个目录存在,Ant 将不会有任何提示。

第③行,调用 Java 编译器(javac)并且传给它目标目录。

第④行,告诉 javac 需要编译的源码在哪儿。

第⑤ ～ ⑧行,是我们用刚才编译的产品源码的方式再编译测试源码。我们的目标 compile.test 依赖于目标 compile.java,所以我们得在 compile.test 的定义处加上一个依赖关系(depends="compile.java")。要知道,我们并没有明确的把 junit.jar 加入到 classpath 中。记住我们安装 Ant 时,把 junit.jar 放置在 ANT_HOME/lib 中(要使用 Ant 的 JUnit 任务,这是必须的）。所有的 junit.jar 已经存在于 classpath,我们用不着制定它也能使用 javac 任务来完全编译我们的测试。

第⑨、⑩行,是我们添加一个嵌套的 classpath 元素,以便把刚刚编译了的产品类加入到 classpath 中,这是因为测试类调用了产品类。

第 ⑪ 行,创建一个自动调用目标 compile.java 和 compile.test 的编译目标。

3.2.4   JUnit 任务

在前面一章,我们是手动来运行测试的,那么,如果我们修改了源代码,就还需要重新编译源码,然后针对编译类运行测试类。如果工程大的话,反复这样做会变得很枯燥,我们可以使用 Ant 同时运行这两部分。

下面代码就说明了编译文件的测试目的。

```
[ 以上省略 ]
<target name="test" depends="compile">
<junit printsummary="yes" haltonerror="yes" haltonfailure="yes" fork="yes">
<formatter type=plain" usefile="false"/>
<test name="test.TestClass"/>
<classpath>
<pathelement location="${target.classes.java.dir}"/>
<pathelement location="${target.classes.test.dir}"/>
<fileset dir="${lib.dir}">
<include name="**/*.jar"/>
</fileset>
</classpath>
</junit>
</target>
</project>
```

上述代码中, <target name="test" depends="compile"> 给目标命名并且标注它依赖于编译目标。如果我们让 Ant 运行测试目标,它会先运行编译目标。

<junit printsummary="yes" haltonerror="yes" haltonfailure="yes" fork="yes"> 这里我们引入了 JUnit 特有的属性。printsummary 属性表明在测试的最后一行输出一个单行的概要。通过 fork 设置为 yes,我们强制 Ant 对每个测试分别使用一个单独的 Java 虚拟机（JVM）。这是一个好的做法,因为它避免了测试间的相互影响。属性 haltonfailure 和 haltonerror 表明如果失败或产生错误（错误是意料外的,而当断言没有通过时将产生失败）将停止编译。

<formatter type="plain" usefile="false"/> 配置 JUnit 任务格式器,用纯文本并且输出文本结果到控制台。

<test name="test.TestClass"/>,提供我们需要执行的类的名称。

<classpath> 标记,表示为这一次任务在 classpath 中添加我们刚刚编译好的类。

完整的 build.xml 文件如示例代码 3-3 所示：

示例代码 3-3：完整的 build.xml 文件

```xml
<?xml version="1.0" encoding="UTF-8"?>
<project name="sampling" default="test">
<property file="build.properties"/>
<property name="src.dir" location="src" />
<property name="src.java.dir" location="${src.dir}/java1" />
<property name="src.test.dir" location="${src.dir}/test" />
<property name="target.dir" location="target"/>
<property name="lib.dir" value="lib"/>
<path id="compile.path">
    <fileset dir="${lib.dir}">
        <include name="**/*.jar"/>
    </fileset>
</path>
<property name="target.classes.java.dir" location="${target.dir}/classes/java"/>
<property name="target.classes.test.dir" location="${target.dir}/classes/test"/>
 <target name="compile.java">
    <mkdir dir="${target.classes.java.dir}"/>
<javac destdir="${target.classes.java.dir}" classpathref="compile.path">
    <src path="${src.java.dir}"/>
    </javac>
</target>
 <target name="compile.test" depends="compile.java">
<mkdir dir="${target.classes.test.dir}"/>
    <javac destdir="${target.classes.test.dir}" classpathref="compile.path">
    <src path="${src.test.dir}"/>
    <classpath>
        <pathelement location="${target.classes.java.dir}"/>
    </classpath>
    </javac>
</target>
 <target name="compile" depends="compile.java,compile.test"/>
<target name="test" depends="compile">
<junit printsummary="yes" haltonfailure="yes" fork="yes">
<formatter type="plain" usefile="false"/>
<test name="test.TestClass"/>
```

```
        <classpath>
            <pathelement location="${target.classes.java.dir}"/>
            <pathelement location="${target.classes.test.dir}"/>
            <fileset dir="${lib.dir}">
            <include name="**/*.jar"/>
            </fileset>
    </classpath>
        </junit>
    </target>
    </project>
```

上述构建文件对 java1 包下所有的类和 test 包下的所有测试类进行编译,并运行测试类。其中 java 源文件如示例代码 3-4 和 3-5 所示。

（1）SampleClass.java

示例代码 3-4: SampleClass 文件源代码

```java
package java1;
public class SampleClass {
    public void print(){
        System.out.println("hello world");
    }
}
```

（2）TestClass.java

示例代码 3-5: TestClass.java 文件源代码

```java
package test;
import java1.SampleClass;
import org.junit.Test;
public class TestClass {
    @Test
    public void testPrint(){
        new SampleClass().print();
    }
}
```

3.2.5　执行 Ant

现在我们已经组装好了构建文件,我们可以在改变当前目录后(列入项目目录在 C 盘根路径下)通过键入"ant"从命令中运行它。我们现在能够一次就编译和测试示例项目了,如果有哪个测试失败,设定 haltonfailure 和 haltonerror 将使编译停止,并且会通知我们失败。执行效果如图 3-3 所示。

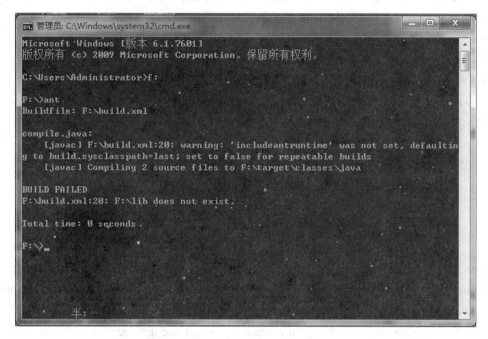

图 3-3　从命令行构建文件

有了像 Ant 之类的工具后,许多开发者不再担心系统的 classpath 了,因为我们可以让 Ant 处理这一问题。Ant 的 classpath 元素使得我们可以非常简单地随需编译。

唯一的缺点是为了运行 Ant 的一个可选任务(比如 JUnit)所需要的 jar 文件,我们需要其他环境来保证灵活性,Ant 使用 Sun 委托模型来创建我们在运行时需要的 classpath。在这个可选的任务中,有一个自举的问题。为了调用一个任务,这个任务需要的任何库必须在任务源码的同一个目录,这意味着我们得在我们调用 optional.jar 的地方调用 junit.jar。同时,我们同样需要先调用这个任务(以及其他的外部库)。否则无法在编译文件中使用它。简而言之,我们不能把 junit.jar 作为 JUnit 任务的一部分。最简单的规定方法是移动 junit.jar 到 ANT_HOME/lib 目录中。还有多种可选的配置,但往往弊大于利。

所以,为了保持一个干净的 classpath 和使用像 JUnit 这样可选的任务,我们必须移动扩展库 jar 到 ANT_HOME/jar 目录下,然后 Ant 会自动地一起装载 optional.jar 和扩展库,使我们能够在编译文件中使用可选库。记住当我们安装一个新版本的 Ant 或 JUnit 时更新 ANT_HOME/jar 为目录下的 junit.jar 文件。

3.3　小结

- ✓ Apache 的 Ant 是可以进行编译、运行、部署和测试程序的构建工具。
- ✓ Ant 具有跨平台性，操作简单，可以集成到开发环境中，是一个开源软件。
- ✓ Ant 的重要要素有：构建文件、目标和属性。
- ✓ <project> 标签是构建文件的根标签。
- ✓ 一个项目标签下可以由一个或多个 target 标签。
- ✓ <delete> 标签用于删除一个文件或一组文件。
- ✓ <java> 用来执行编译生成的 class 文件。
- ✓ <javac> 标签用于编译一个或一组 java 文件。

3.4　英语角

Apache's Ant product（http://ant.apoche.org/）is a build tool that lets you easily compile and text applications（among other things）.It is the facto standard for building java applications.One reason for Ant's popularity is more than a tool: Ant is framework for running tools .in addition to using Ant to configure and launch a java compiler, you can use it to generate code, invoke JDBC queries, and, as you will see, run JUnit test suites.

Like many modern projects, Ant is configured through an XML document. This document is referred to as the buildfile and is named build. Xml by default .The Ant buildfile describes each task that you want to apply on your project .A task might be compiling java source code, generating javadocs, transferring files, jurying databases, or running tests. A buildfile can have several targets, or entry points, so that you can run a single task or chain several together. Let's look at using Ant to automatically tautness as part of the build process. If（gasp!）you don't have Ant installed, see the following sidebars. For full details, consult the Ant manual（http://ant.apache.org/manual/）.

3.5　作业

1. Ant 能够完成哪些任务？
2. 请说出在 buildfile 中有哪些标记，并解释这些标记的作用以及它们是如何使用的。
3. project 标记有哪些属性，它们的作用是什么？
4. 在 target 标记中，depends 属性的作用是什么？

3.6　思考题

如何使用 Ant 生成 jar 文件，在生成的程中，需要注意哪些问题？

3.7　学员回顾内容

如何编写一个 buildfile 来完成清楚、编译和执行的任务。

第 4 章　版本控制

学习目标

✧ 了解版本控制的作用。
✧ 理解 CVS 的作用。
✧ 理解 SVN 的作用。

课前准备

查看有关 CVS 和 SVN 的资料。

4.1　版本控制简介

在我们的编程中为何需要版本？我们先举一个生活中的示例，我们去银行取钱，或者在 ATM 机上取钱的时候，是否会担心钱在银行中出现什么问题，比如：① ATM 机和银行窗口如何同步我们的钱的数据？②一个账户同时支取（刷卡消费和窗口取现）会不会发生问题？当然经验告诉我们，不必为这些问题担忧。因为银行有一个统一的数据库操作系统，可以帮助我们解决上面的问题。

我们在写程序的时候，同样也会面临类似的问题，比如：10 个人的开发小组，在 5 段代码中发现了重大问题，想倒回先前的代码，用谁的副本？

这里我们需要引入版本的概念。

在开发应用程序时，版本控制系统是一个用来保存项目文件的所有修订版本，并方便用户管理各个版本以及标记和分支的系统。

1. 仓库的概念

可以设想，银行中肯定有一个地方用以保存账户的信息，那就是银行的数据库，而我们在软件项目用以存放源程序（包括项目文档）的地方就是仓库（Repository）。实际上，仓库就放在一台安全、保密和可靠的计算机上。

过去，所有用户必须访问共享计算机上的仓库进行开发工作，这使得开发工作遇到相当大的限制：人们难以在不同的工作站、不同类型的计算机或者不同的操作系统上进行开发。有鉴于此，现今的大部分版本系统都支持网络化操作，开发者可以从网络访问仓库。

2. 版本的概念

版本控制系统不仅保存其管理的每个文件的当前版本,而且保存曾经签入过的每个版本。如果我们签出一个文件,编辑它,然后签入仓库,那么原来的版本和我们修改的版本都会保存在仓库中。

例如文件的第一版本号,被指定为 1.1,如果签入一个修改过的版本,这个新的版本号就被系统指定为 1.2,下一次修改就会得到版本号 1.3,依此类推。当然,和每次修改相关的是文件签入时的日期和时间,以及开发者用于描述本次修改的一个注释,这个注释将用来方便我们查询和校对,因此必要及确切地注释是我们所推荐的。

举个例子:现在仓库中有 3 个文件,File1.java、File2.java 和 File.java,版本号都是 1.1,经过几次修改,分别是 File2 做过两次修改,File3 做过一次修改,它们的版本号就变成了:

File1.java　　　1.1

File2.java　　　1.3

File3.java　　　1.2

3. 工作区和操作文件

仓库提供了存放所有项目文件的地方,但是,我们并不能直接在仓库上修改项目文件,我们必须把仓库中的项目文件复制到硬盘以便修改完善,而这个本地硬盘所存放的项目文件副本就是工作区。我们通过签出、提交、更新来操作文件。

我们从仓库中取出文件来形成最初的工作区,这个动作叫做签出(Checkout)。当我们从仓库中签出文件时,会在工作区中得到这些文件的本地副本。签出过程确保我们能得到最新的副本,这些文件将被复制到一个与仓库一样的目录中。

当我们在工作区中完成部分代码的修改和完善后,希望能把这部分工作同步到仓库里去,或者说把修改好的代码文件保存回仓库中,这个过程叫提交(Commit)。

当我们在修改代码的同时,开发组的其他成员可能也在做同样的事情,当他们把修改好的代码提交到仓库的时候,我们如何在自己的工作区保持这一同步,系统提供更新(Update)这个命令让我们获得最新的仓库副本。当然,其他开发成员也可以通过更新来获得最新变更。

这些交互过程如图 4-1 所示。

4. 项目模块和文件

在最底层,大部分版本控制系统处理的是单个文件。项目中的每个文件都按文件名存放到仓库中:如果我们增加了一个名为 Panel.java 的文件到仓库中,那么开发小组中其他成员随后就可以签出 Panel.java 文件到他们自己的工作区。

但是,这是相当低层次的操作,通常一个项目可能有成百上千文件,而一个公司通常会有数十个项目。幸运的是,几乎所有的版本控制系统都允许组织仓库中的文件。在最上面的一层,文件按照项目进行划分。对于每个项目又将文件按照模块(以及子模块)进行划分。

CVS 允许仓库管理员将一个项目划分成多个模块。一个模块是一组可能按照名称进行签出的文件(通常位于一个或多个文件系统目录树中)。模块可以是层次式的,也可以是非层次式的。同样的文件或文件集合可以出现在多个不同的模块中。模块甚至可以让我们在不同的项目间共享代码(只需要将共享的文件放到一个模块中,然后让其他小组按照文件名称进行引用即可)。

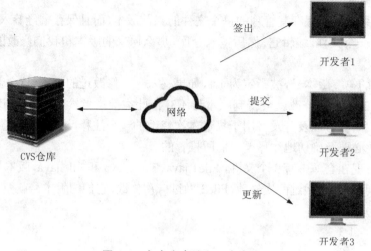

图4-1　多个客户端和一个仓库

5. 锁的原理

假设 Tom 和 Jack 都签出了 Sample.java 这个文件,而且他们都对这个文件做出了自己的修改,当他们把文件签回仓库的时候,会怎么样呢?

如果仓库首先接受了 Tom 的修改,然后又接受了 Jack 的修改,那么 Tom 的工作就被冲掉了。显然,并不是我们想看到的结果。如何解决这一问题? 有两种方法可以解决这一冲突:

第一种,严格锁。让他们两个人轮流修改这个文件,同一时间只能有一个人有权修改,这就是严格锁。只有当文件没有被任何人使用的情况,我们才可以打开文件,系统同时给文件加锁,防止其他人再次打开,等我们修改并关闭文件时,锁才被打开,其他人才可以访问该文件。这种方法虽然解决了我们的问题,但是它效率低下,所有的使用者必须串行访问这个文件,从时间上来讲并不经济。因此,我们并不推荐这种方法。

第二种,乐观锁。实际上,文件并没有上锁,每个开发者都可编辑任何签出的文件。但是,如果在上次签出文件之后,这个文件在仓库中被其他人更新了,仓库就不允许我们提交这个文件,而是请求我们在提交之前更新这个文件的本地副本,以得到仓库中最后被修改的版本,当然版本控制系统不是简单的用仓库中的最新版本覆盖我们修改的代码,而是试图将我们的修改和仓库中的修改合并在一起。如示例代码4-1所示。

```
示例代码 4-1:一个简单地 Java 类
package com.xtgj.s2tdd.test;
public class simple {
    public int getAge(){
        return 25;
    }
    public String getGender(){
        return "male";
    }
}
```

　　程序员 Tom 和 Jack 都签出了这个文件。然后，Tom 修改第三行为"return 28"，然后他提交了这个文件。此时，Jack 所拥有的本地副本已经过期，但是他并不知道，Jack 修改第六行为 return"female"。当他提交的时候，系统告知他副本过期了，需要与仓库中的修改进行合并。当 Jack 将修改合并进他的文件时，版本控制系统会发现 Tom 和 Jack 修改的地方没有重叠。所以系统简单的用新的第三行更新了 Jack 的本地副本，而 Jack 本来在第六行的修改仍然保存在自己的文件中。然后，当他再提交时，会保存修改的代码，并不会改变 Tom 的修改。

4.2　MyEclipse 的本地版本控制

　　MyEclipse 中内置了本地历史（Local History）记录的版本支持，即使没有任何版本控制工具，MyEclipse 依然可以跟踪工作台中源代码和其他文件的修改。

　　MyEclipse 的基本源代码控制机制被称为本地历史，在本地历史机制下，可以选择比较（Compare with）、替换为（Replace with）和从本地历史恢复（Restore from Local History）等操作。比较和替换操作可以观察文件差别，使用替换操作可以回退到文件的不同版本。恢复操作循序恢复以前删除文件的元素，例如以前删除的某一段代码。

　　文件的本地编辑历史是文件在被创建或修改时维护的。文件每次被编辑保存后就会有一个副本，可以恢复到以前的文件。

4.2.1　比较操作

　　我们先讲解如何使用比较操作，具体使用步骤如下。

　　在包资源管理器中，右击要查看的文件，在弹出的菜单中，单击"Compare with"|"Local History"命令，出现与本地历史记录比较窗口，如图 4-2 所示。

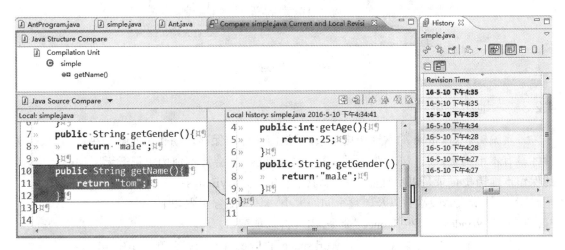

图 4-2　比较操作

　　如图 4-2 所示窗口分成了 3 个小窗口，一个在左上半部，一个在左下半部，另外一个右部，左上半部的窗口中显示了比较单元,可以从其中选择要比较的对象,比较对象可以是整个类,亦可以是一个方法或变量。

左下半部窗口中显示的是当前加载的文件和以前的某一个版本,这是由上半部的窗口中比较单元选项决定的。右部的窗口提供了比较单元的所有历史记录的列表,可以通过时间点区分不同的历史记录。

4.2.2　替换操作

替换操作可以选择以前的一个版本来替换当前加载的版本。这个功能在某些时候非常有用,如不小心删除了一段代码,或是当前的版本非常混乱,希望把程序恢复到以前的某一个版本时就要用到替换操作,操作步骤如下。

(1)鼠标右击想要替换的文件,在弹出的菜单中单击"Replace with"|"Local History"命令,出现本地历史记录中替换窗口。

(2)在从"Compare"窗口的上方选择要替换的版本,每个版本以日期标注,单击替换按钮可以把当前版本替换为以前的某个版本。如图 4-3 所示。

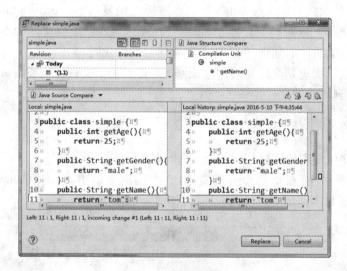

图 4-3　替换操作

4.2.3　本地历史记录

每次编辑 MyEclipse 的本地历史记录,都是由文件的保存日期和时间唯一决定的,只有文件才具有本地历史,项目和文件夹不具备。MyEclipse 不会让本地历史记载无限期的历史,因此保留本地历史记录是以牺牲磁盘空间为代价的。在 MyEclipse 中可以配置本地历史文件保留时间、文件最大修改次数以及磁盘空间的大小。具体配置步骤如下。

(1)在"Window"|"Preference"命令,出现首选项窗口。

(2)单击目录中树中"General"|"Workspace"|"Local History"选项,如图 4-4 所示。

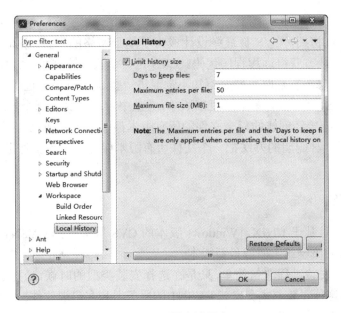

图 4-4　配置本地历史

（3）根据提示，依次配置文件的保存天数、每个文件的最大条目数以及最大文件的大小。

4.3　CVS

上面所使用的是 MyEclipse 自带的版本管理，其功能不是非常强大，下面我们在介绍一个专业的版本控制软件 CVS。

早在 CVS 未出现之前就有一种称为 RCS 的版本软件，RCS 系统采用文件集中的处理方案，即使一个目录树上存在各种不同的文件，也不能对他们进行分别处理，同时采用"上锁－修改－解锁"的开发模式，开发者为防止其他开发者修改文件，首先将文件"上锁"，然后工作，最后完成对文件的"解锁"。如果开发者想锁住一个已经被其他开发者锁住的文件，那么只有等待这个文件的解锁。这种方式对于自由软件的开发是非常不利的，因为开发团队不能都位于同一间办公室或者非常近的位置，RCS 系统不是基于网络的机制，所以开发者们不得不在保存所有的 RCS 文件的历史数据的机器上持续工作，或者采用笨拙的手写脚本来转化工作机器与RCS 服务器之间的数据。

因此在这种情况下，产生了新的版本控制系统 CVS（Concurrent Versions System 版本协作控制系统），对前面所说的 RCS 中的问题都做了改进。实际上，CVS 是在 RCS 的基础上发展起来的，CVS 继续采用 RCS 的原始格式来存储历史数据，最初，它需要以 RCS 的使用程序来解析格式，但是它也增添了一些特别的功能。CVS 是基于目录的，并具有一个能给目录命名的机制（便于存取），所以，CVS 将项目当成单一的实体。同时，CVS 不对文件进行上锁、解锁操作。相反，开发者能够同时对源代码进行修改，并每一次将变化登记到源代码库（保存项目的主要资料和变化记录）中。CVS 在必要时可以合并对相同文件所作的编辑，并向开发者通报发生的冲突。

20 世纪 90 年代初期，CVS 被最终设计成为了基于网络的平台，因此，开发者们能够从 Internet 网上的任何地方获得远程程序代码。CVS 是一个版本控制系统。使用它可以记录源文件的历史。例如，修改软件时可能会不知不觉混进一些 bug，且可能过了很久才会察觉到它们的存在，有了 CVS，可以很容易的恢复旧版本，并从中看出到底是哪个修改导致了这个 bug 的产生。CVS 可以把曾经创建的每个文件的所有版本都保存下来，但是这会浪费大量的磁盘空间，然而 CVS 用一种聪明的办法把一个文件所有版本保存在一个文件里，仅仅保存不同版本之间的差异。

4.3.1　安装 CVS

CVS 原来主要是基于 UNIX，Windows 版本的 CVS 服务器的 CVSNT 与此有较大的不同，CVSNT 可以从官方网站上下载最新版本。

（1）CVSNT 的安装过程非常简单，只是在选择安装类型的时候，最好选择 Full Installion（完全安装），因为这种安装方式会安装 CVSNT 的服务器和客户端软件。安装完成之后，为安全起见，要求重新启动计算机。

（2）单击"开始"|"所有程序"|"CVSNT"|"Service Control Panel"命令，将弹出 CVSNT 控制面板，如图 4-5 所示。

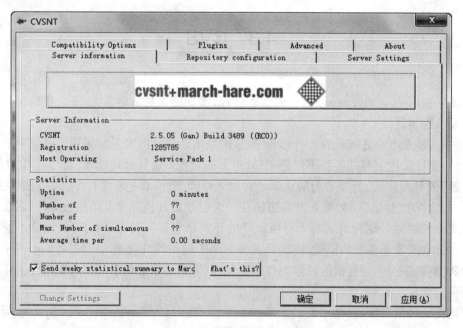

图 4-5　CVSNT 控制面板

通过控制面板可对 CVSNT 进行各种设置。

4.3.2　创建 CVS 资源库

在创建 CVS 资源库时，需要为资源库创建一个文件夹，用来存放 CVS 资源，具体创建

CVS 资源的步骤如下:

（1）单击"开始"|"所有程序"|"CVSNT"|"Service Control Panel"命令。出现 CVSNT 控制面板。

（2）单击"Compatibility"标签,然后单击"Respond as cvs 1.11.2 to version r"复选框,如图 4-6 所示。如果不选中这个复选框,则在 MyEclipse 连接 CVS 服务器时可能出现"配置 CVSNT 资源库使用资源前缀"错误,最后单击"确定"按钮。

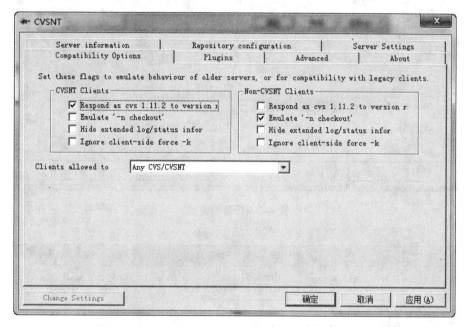

图 4-6　兼容性设置

（3）单击"Advanced"标签,在"Run as"列表框中设定 CVS 管理员账户,如图 4-7 所示。客户端可以通过这个账户登录 CVS 资源库。

（4）单击"Repositories"标签,这里可以配置 CVS 资源库,如图 4-8 所示。单击"Add"按钮,出现"Edit Repository"对话框。在"Location"文本框中选择本地资源库所在的目录,在"Name"文本框输入存储路径。填写完以后,单击"确定"按钮。

（5）最后单击"确定"按钮,完成配置。

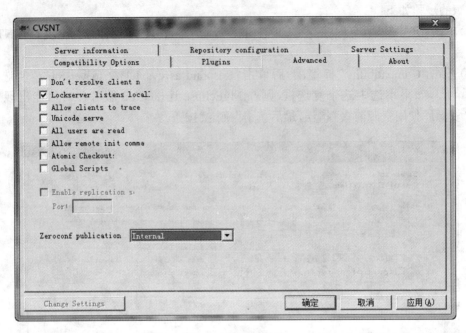

图 4-7　服务器设置

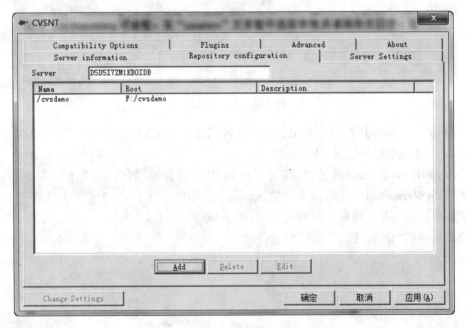

图 4-8　存储设置

4.4　SVN

　　SVN 与 CVS 一样,是一个跨平台的软件,支持大多数常见的操作系统。作为一个开源的版本控制系统,SVN 管理着随时改变的数据。与 CVS 相比,SVN 有更多的选择,也更加容易,几个命名就可以建立一套服务环境。最基本操作步骤如下:

　　● 软件下载(到官方网站的下载最新的二进制安装文件,包括客户端和服务端。这里我们使用的是 TortoiseSVN-1.6.12.20536-win32-svn-1.6.15.msi 和 Setup-Subversion-1[1].6.6.mis)。

　　● 服务器和客户端安装。

　　● 建立版本库 (Repository)。

　　● 配置用户和权限。

　　● 运行独立服务器。

　　● 初始化导入。

　　● 基本用户端操作。

　　有关于下载和安装操作在这里我们不多做介绍,我们只简单介绍一下其他的几个步骤。

4.4.1　建立版本库

　　运行 Subversion 服务器需要首先建立一个版本库 (Repository),可以看作服务器上存放数据的数据库,在安装了 Subversion 服务器之后,可以直接运行,如:

```
svnadmin create E:\svndemo\repository
```

　　就会在目录 E:\svndemo\repository 下创建一个版本库。

　　我们就可以使用 Tortoises 图形化的完成这一步:

　　在目录 E:\svndeml\repository 下"右键"|" TortoiseSVN "|"create Repository here…", 然后可以选择版本库模式,这里使用默认即可,然后就创建了一系列目录和文件。如图 4-9 所示。

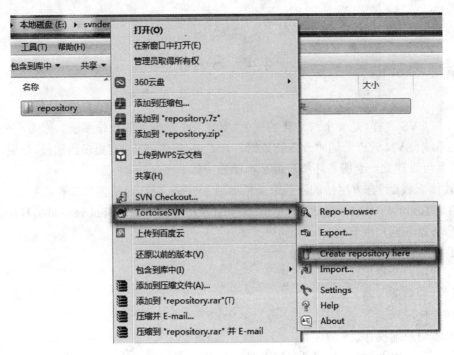

图 4-9　建立版本库

4.4.2　配置用户和权限

SVN 的权限管理涉及以下文件：

● passwd 文件 ../conf 目录下，用于存放本 SVN 库的用户名和密码，用"="分割，左边是用户名，右边是密码（明文）。

● authz 文件 ../conf 目录下，用于存放本 SVN 库的访问授权信息。

● svnserve.conf 文件 ../conf 目录下，用于存放本 SVN 库的全局访问控制信息。

来到 E:\svndemo/repository/conf 目录，修改 svnserve.conf：

```
#[general]
#password-db = passwd
改为
[general]
password-db = passwd
```

然后修改同目录的 passwd 文件（设置用户密码），去掉下面三行的注释再加两个用户：

```
#[users]
#harry = harryssectet
#sally=sallyssecret
改为
[users]
harry = harryssectet
sally=sallyssecret
Zge=zgz0809
```

最后修改同目录的 authz 文件，它定义了两部分内容：

（1）对组成员的定义

（2）对目录的授权定义

可以针对一个单一用户授权，也可以针对在 [groups] 里面定义的一个组授权，还可以用 *通配符来对所有的用户授权。授权的选项有：只读访问（"r"），读写访问（"rw"），或者无权访问（""）。

authz 文件中可以对任意多个目录进行权限控制，以下是一个例子：

```
[grounps]
harry_and_sally=harry,sally
# 设定权限组
[/]
svnadmin=rw
[/truck]
zgz=rw
harry=rw
sally = r
*=r
[/sanguo]
zgz=rw
harry=r
sally=rw
*=r
[/ts]
@harry_and_sally=rw
# 以 @ 为键值意味着对前面定义的组进行授权
*=r
#[repository:/baz/fuz]
#@harry_and_sally=rw
#*=r
```

用户 svnadmin 权限最大,他可以进行根目录(注意:是服务器目录 svn://localhost/,下边会介绍的)下所有文件(包括子目录下的文件)的读写操作,而 /truck,/sanguo,/ts 是在服务器的根目录下创建的三个子目录。

● 用户 zgz 和 harry 对 /truck 具有读写权限,sally 只有读的权限。
● 用户 zgz 和 sally 对 /sanguo 具有读写权限,harry 只有读的权限。
● 用户 harry 和 sally 对 /ts 具有读写权限,zgz 只有读的权限。(*=r 表示所有用户都具有读的权限,当然 zgz 也就自然具有了。注意这里 @harry_and_sally=rw 表示给 harry_and_sally 组所有用户授权,该组在上边 [groups] 标签中已定义)

如果用户对一个目录具有某种权限,那么他对其子目录也有同样的权限(例如 svnadmin),所以在授权时要特别注意,尽量只赋予满足用户需要的最小的限。

4.4.3 运行独立服务器

在任意目录下运行:

snserve-d-r E:\svndemo\repository

我们的服务器程序就已经启动了,如图 4-10 所示。

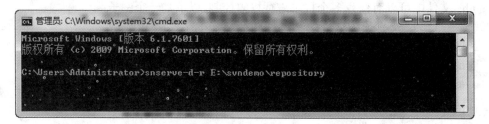

图 4-10 启动服务器程序

注意不要关闭命令窗口。关闭窗口也会把 svnserve 停止。为了方便,可以把 svnserve 作为服务,在控制台窗口进行,创建服务命令:

sc.exe create SVNService binpath="D:\Subversion\bin\svnserve.exe--service -r E:\svndemo\repository" depend=tcpip

如果加错了可以用 sc ddelete"SVNSerivce"命令删除服务。

加好后可以在控制面板的服务选项中找到它,把它启动类型设为手动,然后启动一下看看有没有问题。注意以下几点:

(1)"D:\Subversion"是 SVN 服务器端的安装路径,"E:\svndemo\repository"是版本库的路径,视具体情况而定。

(2)等号前无空格后有空格

(3)应使用参数"--service"而不是"--d",参数前面的横线不是一个是两个

(4)binpath 内套的路径如果包含空格,也需要使用双引号,此时需要使用转移符来表示内部的引号

(5)使用"SVNService.exe"将 SVN 作为 Window 服务运行(Subversion1.4 之前版本也可

使用），命令如下：

SVNService.exe -install -d -r E:\svndemo\repository

4.4.4　初始化导入

来到我们想要导入的项目根目录，在这个例子里是"E:\svndemo\Chapter04"。目录下有一个 readme.txt 文件，原始内容为"hello world"。右键"目录"|"TortoiseSVN"|"Import.."如图 4-11 所示。

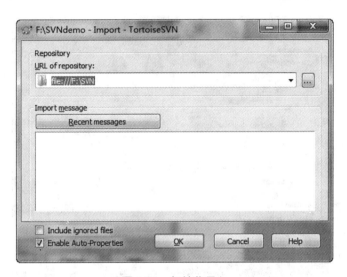

图 4-11　初始化导入

URL of repository 输入"svn://localhost"。如果服务安装在其他机器则将 localhost 改换为目标机器的 IP 地址，例如"svn://10.8.6.87/"。完成之后目录没有任何变化，如果没有报错，数据就已经全部导入到了我们刚才定义的版本库值中。如图 4-12 所示。

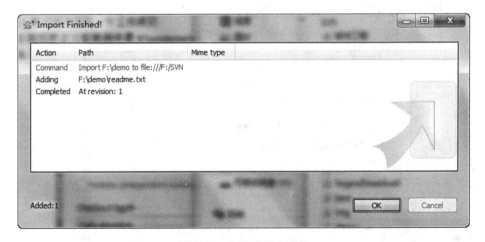

图 4-12　初始化导入成功

需要注意的是，这一步操作可以完全在另一台安装了 TortoiseSVN 的主机上进行。例如运行 svnserve 的主机的 IP 是 10.8.6.87，则 URL 部分输入的内容就是"svn://10.8.6.87"，一般为了便于管理,不会导入到服务的根目录下,而是导入到工程的子目录,如 /truck,/sanguo,/ts。导入的 URL 就填写"SVN://localhost/truck"。

4.4.5 基本客户端操作

(1)取出版本库到一个工作拷贝

在任意目录上(在本例中是 E:\svndemo\Chapter04),单击右键"SVN Checkout",在"URL of repository"中输入"file:///F:\svn",这样我们就得到了一份工作拷贝。如图 4-13 所示。

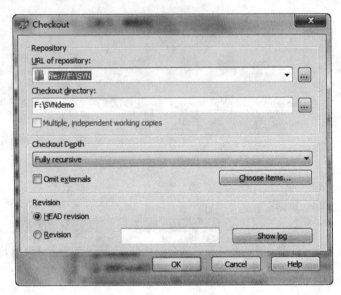

图 4-13　Checkout 操作

(2)在工作拷贝中作出修改并提交

打开 readme.txt,作出修改,例如添加一个字符串"hello XTGJ!",然后右键 |"SVN Commit...",这样我们就把修改的提交到了版本库,我们可以运行。如图 4-14 和图 4-15 所示。

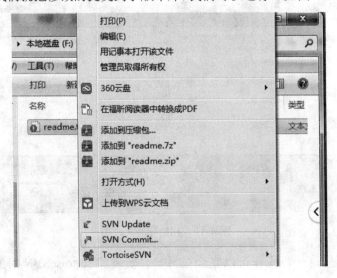

图 4-14　修改并提交

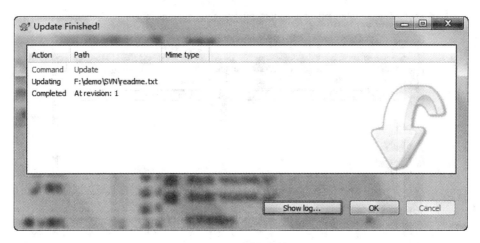

图 4-15　提交成功

（3）查看所做的修改

readme.txt 上右键 |"TortoiseSVN"| "Show Log"，这样我们就可以看到我们对这个文件所有的提交，如图 4-16 所示。在版本 1 上右键 |"Compare with working copy"，我们可以比较工作拷贝的文件和版本 1 的区别，如图 4-17 所示。

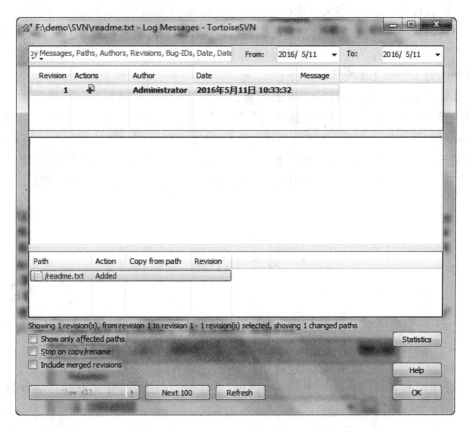

图 4-16　查看所作的修改

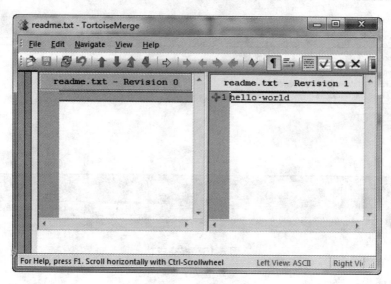

图 4-17　两个版本的对比

4.4.6　CVS 和 SVN 的比较

在开源软件领域,并行版本系统(CVS)一直是版本控制的选择。恰如其分的是,CVS 本身是一个自由软件,它的非限制性的技法和对网络操作的支持(允许大量的不同地域分散的程序员可以共享他们工作的特性)非常符合开源软件领域合作的精神,CVS 和它半混乱状态的开发模型成为了开源文化的基石。

但是像许多其他工具一样,CVS 开始显露出衰老的迹象。SVN 是一个被设计成为 CVS 继承者的新版本控制系统。设计者通过两个办法来争取现有的 CVS 用户,使用它构建一个开源软件系统的版本控制过程,从感觉和体验上和 CVS 相似,同时 SVN 努力弥补了 CVS 许多明显的缺陷。SVN 可以在多种不同的操作系统上运行,它的主要用户操作界面是基于命令行的,但现在已经开发出很多可以运行在不同操作系统上的客户端以及多种开发工具的继承套件。

4.5　小结

✓　版本控制系统是一个用来保存项目文件的所有修订版本,并方便用户管理各个版本以及标记和分支的系统。

✓　软件项目用以存放源程序(包括项目文档)的地方就是仓库(repository)。

✓　版本控制系统不仅保存其管理的每个文件当前版本,而且保存曾经提交过的每个版本。

✓　MyEclipse 中内置了本地历史(Local History)记录的版本支持。即使没有任何的版本控制工具,MyEclipse 依然可以跟踪工作台中的源代码和其他文件的修改。

✓　MyEclipse 的基本源代码控制机制被称为本地历史,在本地历史机制下,可以选择比较(Compart with),替换为(Replace with)和从本地历史中恢复(Restore form Local History)等操作。

✓　CVS 是一个版本控制系统。

✓　CVS 可能把曾经创建的每个文件的所有版本都保存下来。

✓　CVS 把一个文件的所有版本保存在一个文件里,该文件中还保存了不同版本之间的差异。

✓　SVN 和 CVS 一样,是一个跨平台的软件,支持大多数常见的操作系统。作为一个开源的版本控制系统。Subversion 管理者随时间改变的数据。

4.6　英语角

CVS maintains a history of a source tree, in terms of series of changes, It stamps each change with the time it was made and the user name of the person who made it.Usually,the person provides a bit of text describing why they made the change as well. Given that information.CVS can help developers answer questions like:

Who made a given change?

When did they make it?

Why did they make it?

What other changes did they make at the same time?

4.7　作业

1. 什么是版本控制?

2. 为什么需要版本控制?

3.CVS 能够帮助我们做什么?

4.8　思考题

查看帮助,使用 CVSNT 客户端工具 winCVS。

上机部分

第 1 章　在 MyEclipse 中应用 JUnit

本阶段目标

完成阶段练习内容以后,将能在 MyEclipse 下开发 JUnit。

JUnit 是一个开放源代码的 Java 单元测试框架,它是由 Kent Beck 和 Erch Gamma 这两个人共同开发完成的。Erch Gamma 是 GOF 的成员之一, Kent Beck 在 Windows XP 的开发中有重要的贡献。JUnit 非常小巧,但是功能却非常强大。对不同性质的被测对象,如 Class、JSP、Servlet 等, JUnit 有自己的测试套件,这使得测试环境更加宽松,而且便于操作和管理。可以在一个工程中创建与其他类无异的 JUnit 类,并且使用此 JUnit 代码测试工程中的其他类。在这里,我们将详细介绍 JUnit 在 MyEclipse 中使用的方法。

1.1　指导

软件测试是在软件投入使用前,对软件需求分析、设计规格、设计说明和编码进行最后的审查,这是软件质量保证的关键步骤。大量的数据表明,软件测试的工作量往往占软件开发总工作量的 40% 以上,而且成本不菲。所以软件测试在整个开发过程中具有举足轻重的地位。

软件测试在软件开发过程中跨越两个阶段:通常在编写出每一个模块之后就要做必要的测试,这就叫单元测试,编码和单元测试属于软件开发过程中的同一阶段。在这个阶段之后,需要对软件系统进行各种全面的测试,即综合测试,它属于软件工程中的测试阶段。

1.1.1　单元测试简介

软件测试是软件开发的重要组成部分,但是很多开发者却忽视了这一点。单元测试就是开发者写一段测试代码来验证自己编写的一段代码运行是否正确。一般来说,一个单元测试用来判定给定条件下某个函数行为,例如,想测试一个类的某个函数返回的对象是否是原来预期的对象等。

那么,为什么要进行单元测试呢? 当编程者写完一段代码之后,系统会进行编辑,然后开始运行。如果编译都没有通过,运行就更不可能了。如果编译通过只能说明没有语法错误,但却无法保证这段代码在任何时候都会按照自己的预期结果运行。所有的这些问题,单元测试都可以解决,编写单元测试可以验证自己编写的代码是否按照预期运行。

JUnit 的优点如下:

- 使测试代码与产品代码分开。这更有利于代码的打包和测试代码的管理。
- 针对某一个类的测试代码，通过较少的改动便可以应用另一个类的测试，JUnit 提供了一个编写测试类的框架，使测试代码的编写更加方便。
- 易于继承到程序中的构建过程中，JUnit 和 Ant 的结合还可以实施增量开发。
- JUnit 的源代码是公开的，故而可以进行二次开发。
- JUnit 具有很强的扩展性，可以方便地对 JUnit 进行扩展。

1.1.2　在 MyEclipse 中设置 JUnit

在 MyEclipse IDE 中已经集成了 JUnit 组件，因此，可以在 MyEclipse 中直接运行测试程序，而 不 需 要 进 行 额 外 的 安 装（例 如：%MyEclipse6.0 安装目录 %\eclipse\plugins\org.junit4_4.3.1 文件夹下的 junit.jar）。但是，如果集成的 JUnit 组件版本过低，我们还可以从 JUnit 官方网站上下载适合的版本。要在 MyEclipse 中提供运行的 JUnit 单元测试用例和测试套件的图形用户界面，还要在 MyEclipse 中进行一些设置，其中主要是需要定义类路径变量，下面来演示一下如何在 MyEclipse 中设置 JUnit，具体步骤如下：

（1）在 MyEclipse 菜单栏上单击"Window"|"Preferences"命令，出现首选项窗口。

（2）左边窗口的目录中，单击"Java"|"Build Path"|"Classpath Variables"选项，如图 1-1 所示。

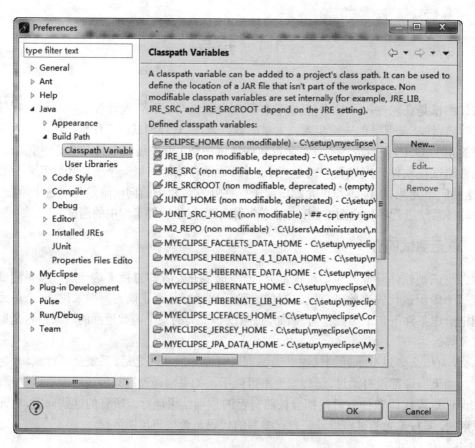

图 1-1　设置类路径变量

（3）单击"New..."按钮出现新建变量条目对话框，如图 1-2 所示，在名称文本框中输入新的变量名"JUNIT"。在路径文本框中输入 JUnit 包 junit-4.9b1.jar 所在的路径。Junit-4.9b1.jar 可以在官网上下载（参考网址：http://www.junit.org/），在这里我们使用的是 junit-4.9b1.jar 包，并把它拷贝到了"C:\java"。

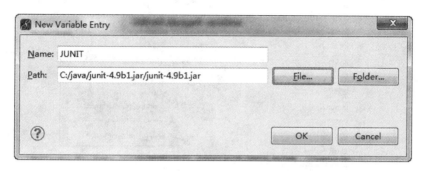

图 1-2　创建类路径变量

（4）有时为了调试需要，还可以把 JUnit 的代码源（junit-4.9b1-src.jar）添加进来。为 JUnit 源代码创建一个新的变量 JUINT-SRC 的步骤同上。

（5）返回到首选项目窗口，单击"确定"按钮，完成 JUnit 配置。

1.1.3　创建被测试项目

在 MyEclipse 中可以很方便地使用 JUnit 创建用于对某一应用程序进行测试的用例。要进行测试，就要有被测试的代码。只有写完代码，才可以进行测试。

1. 创建工程

首先我们创建一个 Java 工程，该工程名为：Chapter01。然后添加 JUnit 包，具体代码如下：

（1）右击项目名，单击"Properties"，出现属性窗口。

（2）右键单击项目名，选择 buildpath → Add Libraries（图 1-3），弹出配置 add library 对话框。

（3）选择 JUnit，点击"Next"，如图 1-4 所示。

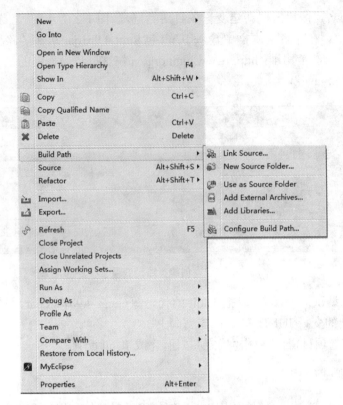

图 1-3   配置 add library 对话框

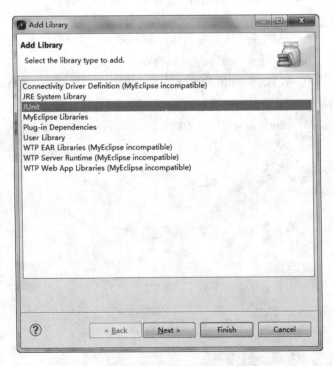

图 1-4   选择 JUnit

（4）这时系统会自动找到 JUnit4.jar 包，点击"Finish"添加类和接口。如图 1-5 所示。

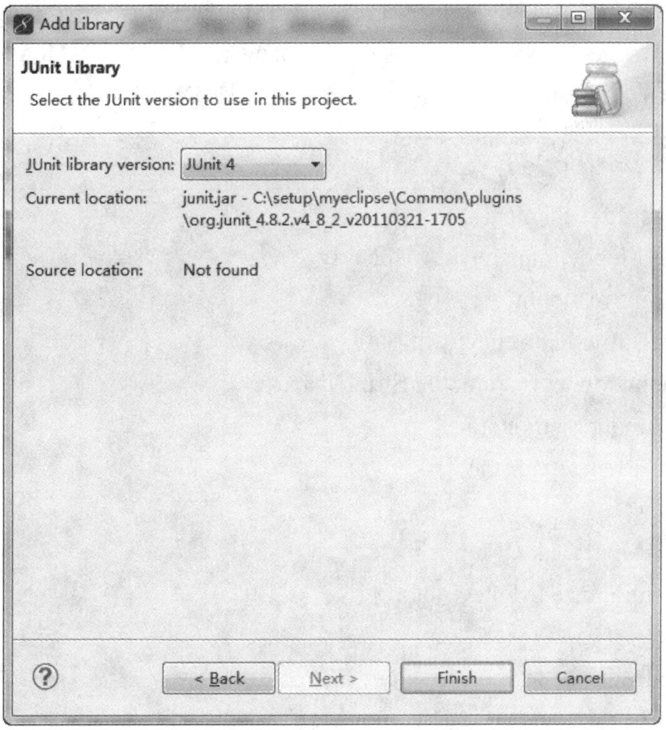

图 1-5　完成 JUnit 包的添加

2. 添加类

我们要为该工程添加 2 个类 Money、MoneyBag 和一个接口 IMoney。其中，IMoney 是一个接口，Money 和 MoneyBag 是两个具体的类。

（1）IMoney 接口

IMoney 接口提供了一些 Money 和 MoneyBag 共有的方法，每一个方法的具体功能可以看实现类。其代码如下：

```
示例代码 1-1：IMoney 接口

package xtgj.s2tdd.chapter1;
public interface IMoney {
    public abstract IMoney add(IMoney m);
    public abstract IMoney addMoney(Money m);
    public abstract IMoney addMoneyBag(MoneyBag s);
    public abstract boolean isZero();
    public abstract IMoney multiply(int factor);
    public abstract IMoney negate();
    public abstract IMoney subtract(IMoney m);
    public abstract void appendTo(MoneyBag m);
}
```

（2）Money 类

Money 类代表钱数的数目以及币种，它实现了 IMoney 接口。两个私有变量，分别代表钱的数目和币种。它还包含一些方法，如把两个 Money 相加，把一个 Money 对象加入到一个 MoneyBag 中，判断两个 Money 对象的内容是否相等其具体代码如下：

示例代码 1-2：Money 类

```java
package xtgj.s2tdd.chapter1;
public  class Money implements IMoney{
    private int fAmount;// 数量
    private String fCurrency;// 币种
        public Money(int amount,String currency){
        fAmount=amount;
        fCurrency=currency;
    }
    public IMoney add(IMoney m){
        return m.addMoney(this);
    }
    public IMoney addMoney(Money m){
        if(m.currency().equals(currency()))
            return new Money(amount()+m.amount(),currency());
        return MoneyBag.create(this,m);
    }
        public IMoney addMoneyBag(MoneyBag s){
        return s.addMoney(this);
    }
        private int amount() {
        // TODO Auto-generated method stub
        return fAmount;
    }
        public String currency(){
        return fCurrency;
    }
        public boolean equals(Object anObject){
        if(isZero())
                if(anObject instanceof IMoney)
```

```
                    return ((IMoney)anObject).isZero();
              if(anObject instanceof Money){
                   Money aMoney = (Money) anObject;
                   return
aMoney.currency().equals(currency())&&amount()= =aMoney.amount();
              }
              return false;
         }
         public int hashCode(){
              return fCurrency.hashCode()-fAmount;
         }
         public boolean isZero(){
              return amount() = = 0;
         }
         public IMoney multiply(int factor){
              return new Money(amount()*factor,currency());
         }
         public IMoney negate(){
              return new Money(-amount(),currency());
         }
         public IMoney substract(IMoney m){
              return add(m.negate());
         }
         public String toString(){
              StringBuffer buffer = new StringBuffer();
              buffer.append("["+amount()+""+currency()+"]");
              return buffer.toString();
         }
    public void appendTo(MoneyBag m){
              m.appendMoney(this);
         }
    }
```

（3）MoneyBag

Moneybag 类代表一个"钱包"，这个钱包可以放五种不同的"钱"。MoneyBag 类有一个
Vector 容器，用来存放不同的"钱"。它有一个静态方法用来创建"钱包"，并且还有很多其他
的方法，如将一个 Money 对象放入一个"钱包"的方法，把一个"钱包"中的"钱"放入另一个钱
包的方法，判断两个"钱包"中的"钱"是否一样的方法。其主要代码如示例代码 1-3：

示例代码 1-3：MoneyBag 类

```java
package xtgj.s2tdd.chapter1;
import java.util.Enumeration;
import java.util.Vector;
public class MoneyBag implements IMoney{
    private Vector fMonies = new Vector(5);
    static IMoney create(IMoney m1,IMoney m2){
        MoneyBag result = new MoneyBag();
        m1.appendTo(result);
        m2.appendTo(result);
        return result.simplify();
    }
    public IMoney add(IMoney m){
        return m.addMoneyBag(this);
    }
    public IMoney addMoney(Money m){
        return MoneyBag.create(m, this);
    }
    public IMoney assMoneyBag(MoneyBag s){
        return MoneyBag.create(s,this);
    }
    void appendBag(MoneyBag aBag){
        for(Enumeration  e=aBag.fMonies.elements();e.hasMoreElements();)
            appendMoney((Money)e.nextElement());
//          appendMoney(Money)e.nextElement());
    }
    void appendMoney(Money aMoney){
        if(aMoney.isZero())
            return;
        IMoney old = findMoney(aMoney.currency());
        if(old == null){
            fMonies.addElement(aMoney);
            return;
        }
        fMonies.removeElement(old);
        IMoney sum = old.add(aMoney);
        if(sum.isZero())
            return;
```

```java
            fMonies.addElement(sum);
    }
        public boolean equals(Object anObject){
        if(isZero())
                if(anObject instanceof IMoney)
                        return((IMoney) anObject).isZero();
//                      return(IMoney) anObject).isZero();
        if(anObject instanceof MoneyBag){
                MoneyBag aMoneyBag =(MoneyBag) anObject;
                if(aMoneyBag.fMonies.size()!=fMonies.size())
                        return false;
                for(Enumeration e=fMonies.elements();e.hasMoreElements();){
                        Money m=(Money)e.nextElement();
                        if(!aMoneyBag.contains(m))
                                return false;
                }
                        return true;
                }
        return false;
    }
    private Money findMoney(String curreny){
            for(Enumeration e =fMonies.elements();e.hasMoreElements();){
                Money m=(Money)e.nextElement();
                if(m.currency().equals(curreny))
                        return m;
            }
                return null;
    }
        private boolean contains(Money m) {
            // TODO Auto-generated method stub
            Money found=findMoney(m.currency());
            if(found = = null)
                    return false;
            return found.amount() = = m.amount();
    }
    public int hashCode(){
            int hash =0;
            for(Enumeration e = fMonies.elements();e.hasMoreElements();){
```

```
                    Object m=e.nextElement();
                        hash^=m.hashCode();
            }
    return hash;
    }

        public boolean isZero(){
        return fMonies.size()= =0;
    }

        public IMoney multiply(int factor){
        MoneyBag result=new MoneyBag();
        if(factor!=0){
    for(Enumeration e = fMonies.elements();e.hasMoreElements();){
                    Money m=(Money)e.nextElement();
                    result.addMoney((Money)m.multiply(factor));
            }
        }
        return result;
    }

        public IMoney negate(){
        MoneyBag result= new MoneyBag();
            for(Enumeration e = fMonies.elements();e.hasMoreElements();){
            Money m=(Money)e.nextElement();
            result.addMoney((Money)m.negate());
//            result.addMoney(Money)m.negate();
        }
        return result;
    }
private IMoney simplify() {
        // TODO Auto-generated method stub
        if(fMonies.size()= =1)
            return(IMoney)fMonies.elements().nextElement();
    return this;
    }
public IMoney subtract(IMoney m){
        return add(m.negate());
    }
    public String toString(){
        StringBuffer buffer = new StringBuffer();
```

```
buffer.append("{");
    for(Enumeration e=fMonies.elements();e.hasMoreElements();)
buffer.append(e.nextElement());
    buffer.append("}");
    return buffer.toString();
}
    public void appendTo(MoneyBag m){
    m.appendBag(this);
    }
@Override
public IMoney addMoneyBag(MoneyBag s) {
    // TODO Auto-generated method stub
    return null;
}
}
```

1.1.4　创建测试类

下面创建测试用例，可以使用 JUnit Wizard 创建一个类来扩展测试用例，操作步骤如下：

（1）右击项目名，单击"New"|"JUnit Test Case"，如果没有"JUnit Test Case"选项，也可以在"Other"选项中去查找，如图 1-6 所示。

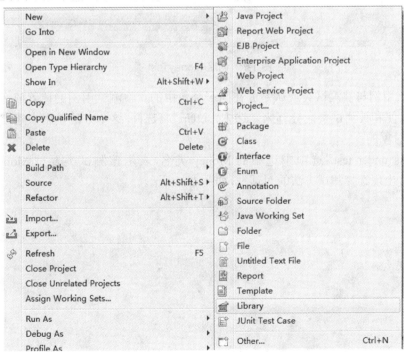

图 1-6　创建测试类

（2）单击"JUnit Test Case"的命令，出现新建的 JUnit 测试用例对话框，如图 1-7 所示。

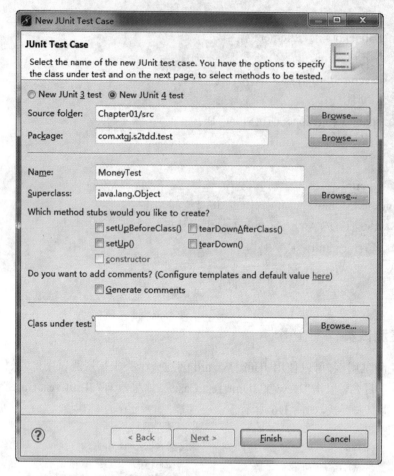

图 1-7　创建 MoneyTest 类

（3）测试用例与被测试类默认是放在同一个包中的。将测试用例的位置放在前边为其定义的包中，以便和被测试类区分开来。选中"setUp"复选框，这个方法是用来建立在测试用例中的数据和对象的。

在"Class under test"选项中选中的 Money 类名，表示该测试类要试 Money 类。单击"Next"按钮，出现选择测试方法的对话框，如图 1-8 所示。

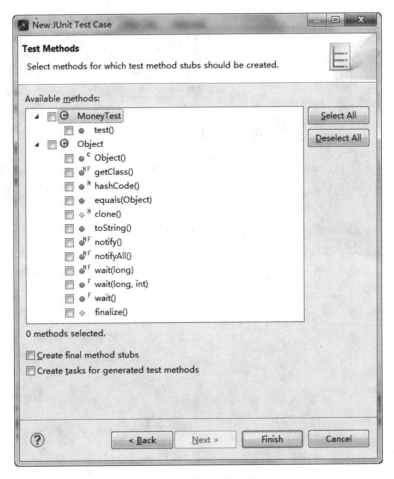

图 1-8　选择测试方法

（4）选择要测试的方法，这样 JUnit Wizard 能够为他们创建存根。我们可以选择要测试的方法进行测试。其实这些方法也可以自己手动来实现。有时候并不是想测试类中的一个方法，而是要测试一段代码实现的功能是否正确，这时候就得动手写代码了。手写的试方法只要遵循一个规则就可以了，如测试方法最好以 test 开头，返回值 void 等。

（5）单击"Finish"按钮，MyEclipse 生成了 MoneyTest 测试类。类中只是为每个要测试的方法写好了框架，具体代码填进去就可以了。

现在可以在 MoneyTest 类中添加代码。在测试类中首先要加入一个被测试类的变量，而测试类的初始化放在 setUp 数中，然后再添加 JUnit 断言方法。该测试类的具体代码如下：

示例代码 1-4: MoneyTest 类

```java
package com.xtgj.s2tdd.test;

import static org.junit.Assert.*;
import junit.framework.JUnit4TestAdapter;

import org.junit.Before;
import org.junit.Test;

import xtgj.s2tdd.chapter1.IMoney;
import xtgj.s2tdd.chapter1.Money;
import xtgj.s2tdd.chapter1.MoneyBag;

public class MoneyTest {

    private Money f12CHF;
    private Money f14CHF;
    private Money f7USD;
    private Money f21USD;

    private IMoney fMB1;
    private IMoney fMB2;

    public static junit.framework.Test suite(){
        return new JUnit4TestAdapter(MoneyTest.class);
    }

    @Before public void setUp(){
        f12CHF=new Money(12,"CHF");
        f14CHF=new Money(14,"CHF");
        f7USD=new Money(7,"USD");
        f21USD=new Money(21,"USD");

        fMB1=MoneyBag.create(f12CHF,f7USD);
        fMB2=MoneyBag.create(f14CHF,f21USD);
```

```
    }

    @Test public void testBagMultiply(){
        //{[12 CHF][7 USD]}*2 ==={[24CHF][14 USD]}
        IMoney expected = MoneyBag.create(new Money(24,"CHF"),new Money(14,"USD"));
        assertEquals(expected,fMB1.multiply(2));
        assertEquals(fMB1,fMB1.multiply(1));
        assertTrue(fMB1.multiply(0).isZero());


    }
    @Test public void testBagNegate(){
        //{[12 CHF][7 USD]} negate=={[-12CHF][-7 USD]}
        IMoney expected=MoneyBag.create(new Money(-12,"CHF"),new Money(-7,"USD"));
        assertEquals(expected,fMB1.negate());
    }

    @Test public void testBagSimpleAdd(){
        //{[12 CHF][7 USD]} +[14CHF]=={[26CHF][7 USD]}
        IMoney expected=MoneyBag.create(new Money(26,"CHF"),new Money(7,"USD"));
        assertEquals(expected,fMB1.add(f14CHF));
    }

    @Test public void testBagSimpleSubtract(){
        //{[12 CHF][7 USD]} -[14CHF][21 USD]=={[-2 CHF][-14 USD]}
        IMoney expected=MoneyBag.create(new Money(-2,"CHF"),new Money(-14,"USD"));
        assertEquals(expected,fMB1.subtract(fMB2));
    }

    @Test public void testBagSimpleSumAdd(){
        //{[12 CHF][7 USD]} +[14CHF][21 USD]=={[26 CHF][28 USD]}
        IMoney expected=MoneyBag.create(new Money(26,"CHF"),new Money(28,"USD"));
        assertEquals(expected,fMB1.add(fMB2));
    }

    @Test public void testIsZero(){
```

```
        assertTrue(fMB1.subtract(fMB1).isZero());
        assertTrue(MoneyBag.create(new Money(0,"CHF"),new Money(0,"USD")).isZero());
    }

    @Test public void testMixedSimpleAdd(){
        //[12 CHF]+[7 USD]= ={[12 CHF][7 USD]}
        IMoney expected=MoneyBag.create(f12CHF, f7USD);
        assertEquals(expected,f12CHF.add(f7USD));
    }

    @Test public void testBagNotEquals(){
        IMoney bag = MoneyBag.create(f12CHF,f7USD);
        assertFalse(bag.equals(new Money(12,"DEM").add(f7USD)));
    }

    @Test public void testMoneyBagEquals(){
        assertTrue(!fMB1.equals(null));
        assertEquals(fMB1,fMB1);
        IMoney equal=MoneyBag.create(new Money(12,"CHF"),new Money(7,"USD"));
        assertTrue(fMB1.equals(equal));
        assertTrue(!fMB1.equals(f12CHF));
        assertTrue(!f12CHF.equals(fMB1));
        assertTrue(!fMB1.equals(fMB2));
    }

    @Test public void testMoneyBagHash(){
        IMoney equal=MoneyBag.create(new Money(12,"CHF"),new Money(7,"USD"));
        assertEquals(fMB1.hashCode(),equal.hashCode());
    }

    @Test public void testMoneyEquals(){
        assertTrue(!f12CHF.equals(null));
        Money equalMoney=new Money(12,"CHF");
        assertEquals(f12CHF,f12CHF);
        assertEquals(f12CHF,equalMoney);
```

```
        assertEquals(f12CHF.hashCode(),equalMoney.hashCode());
        assertTrue(!f12CHF.equals(f14CHF));
}

@Test public void testMoneyHash(){
        assertTrue(!f12CHF.equals(null));
        Money equal=new Money(12,"CHF");
        assertEquals(f12CHF.hashCode(),equal.hashCode());
}

@Test public void testSimplify(){
        IMoney money =MoneyBag.create(new Money(26,"CHF"),new Money(28,"CHF"));
        assertEquals(new Money(54,"CHF"),money);
}

@Test public void  testNormalize(){
        //{[12 CHF][7 USD]}-[12 CHF]= =[7 USD]
        Money expected=new Money(7,"USD");
        assertEquals(expected,fMB1.subtract(f12CHF));
}

@Test public void testNormalize3(){
        //{[12 CHF][7 USD]}-{[12 CHF][3 USD]}= =[4 USD]
        IMoney ms1=MoneyBag.create(new Money(12,"CHF"),new Money(3,"USD"));
        Money expected=new Money(4,"USD");
        assertEquals(expected,fMB1.subtract(ms1));
}

@Test public void testNormalize4(){
        //[12 CHF]-{[12 CHF][3 USD]}= =[-3USD]
        IMoney ms1=MoneyBag.create(new Money(12,"CHF"),new Money(3,"USD"));
        Money expected=new Money(-3,"USD");
        assertEquals(expected,f12CHF.subtract(ms1));
}
```

```java
@Test public void testPrint(){
    assertEquals("[12 CHF]",f12CHF.toString());
}

@Test public void testSimpleAdd(){
    //[12 CHF]+[14 CHF]= =[26 CHF]
    Money expected=new Money(26,"CHF");
    assertEquals(expected,f12CHF.add(f14CHF));
}

@Test public void testSimpleBagAdd(){
    //[14 CHF]+{[12CHF][7 USD]= =[[26CHF][7 USD]}
    IMoney expected=MoneyBag.create(new Money(26,"CHF"),new Money(7,"USD"));
    assertEquals(expected,f14CHF.add(fMB1));
}

@Test public void  testSimpleMuliply(){
    //[14 CHF]*2= =[28 CHF]
    Money expected=new Money(28,"CHF");
    assertEquals(expected,f14CHF.multiply(2));
}

@Test public void testSimpleNegate(){
    //[14 CHF]negate= =[-14CHF]
    Money expected=new Money(-14,"CHF");
    assertEquals(expected,f14CHF.negate());
}

@Test public void testSimpleSubtract(){
    //[14 CHF]-[12 CHF]= =[2CHF]
    Money expected=new Money(2,"CHF");
    assertEquals(expected,f14CHF.substract(f12CHF));
}
}
```

1.1.5　运行测试类

下面介绍如何运行测试用例,具体的步骤如下。

(1)在包资源管理器窗口中右击测试类,单击"Run As"|"JUnit Text"测试用例命令,运行测试用例,如图 1-9 所示。

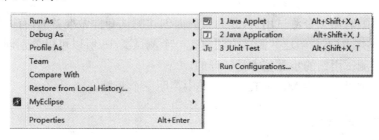

图 1-9　运行测试用例

(2)在测试结果出来之后,如果在 Junit 视图中故障次数显示为零,说明被测试类在这些测试方法中没有问题。但这不说明测试类没有问题,只能说明在测试范围内是没有问题的。

运行结果如图 1-10 所示。

图 1-10　测试结果

1.2   练习

我们在这里编写第二个测试用例,是为了后面创建测试套件做准备的,有时候需要从不同的角度测试一个类,而不希望这些测试方法放在一个测试类中,所以可以分别创建多个测试类进行测试。创建测试用例的步骤基本是一样的。

我们将该测试类命名为 MoneyText2,在类中声明三个变量。

```
private Money m1
private Money m2
private Money m3
```

主要是测试 Money 类的 AddMoney、Multiply 方法。

我们同样要为该测试类添加 setUp 方法,用来对变量进行初始化。在 setUp 方法中有如下定义:

```
public void setUp() throws Exception{
    m1 = new Money(12,"RMB");
    m2 = new Money(24,"RMB");
    m3 = new Money(10,"USD");
}
```

我们接着来定义 textAddMoney 方法,代码如下:

```
public void testAddMoney(){
    Money temp = new Money(12,"RMB");
    assertEquals(m2,m1.AddMoney(temp));
}
```

我们再来测试 EqualsObject 方法:

```
public void textEqualsObject(){
    assertFalse(m3.equals(m1));
}
```

最后我们来测试 Multiply:

```
public void testMultiply(){
    Money temp = (Money)m1.multiply(2);
    assertEquals(m2,temp);
}
```

完整代码如下：

示例代码 1-5：MoneyTest2 类

```
package com.xtgj.s2tdd.test;
import static org.junit.Assert.*;
import junit.framework.JUnit4TestAdapter;
import org.junit.Before;
import org.junit.Test;
import xtgj.s2tdd.chapter1.Money;
public class MoneyTest2 {
    private Money m1;
    private Money m2;
    private Money m3;
    public static junit.framework.Test suite(){
        return new JUnit4TestAdapter(MoneyTest2.class);
    }
    @Before
    public void setUp() throws Exception{
        m1 = new Money(12,"RMB");
        m2 = new Money(24,"RMB");
        m3 = new Money(10,"USD");
    }
    @Test
    public void testAddMoney(){
        Money temp = new Money(12,"RMB");
        assertEquals(m2,m1.addMoney(temp));
    }
    @Test
    public void textEqualsObject(){
```

```
        assertFalse(m3.equals(m1));
        }
        @Test
    public void testMultiply(){
        Money temp = (Money)m1.multiply(2);
        assertEquals(m2,temp);
        }
    }
```

我们编写好这些方法后,运行该测试。运行结果如图 1-11 所示。

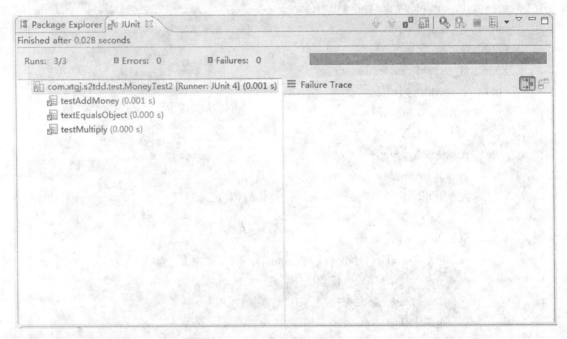

图 1-11　测试结果

1.3　实践

在这里,我们将创建 Suite 的例子, Suite 是用来运行多个测试用例的,跟测试用例一样,测试 Suite 也是 JUnit 测试框架中的类,textSuite 可以将多个测试用例组合在一起,并一起运行。

我们先创建一个 TextSuite,如图 1-12 所示。

图 1-12　创建 TestSuite

单击"Next"将 TextSuite 类命名为 MoneyTests 是，并勾选测试用例 MoneyText 类和 MoneyText2 类，如图 1-13 所示。

图 1-13　命名 MoneyTests

MoneyTexts 源代码如下：

```
示例代码 1-6：MoneyTests 类源代码

package com.xtgj.s2tdd.test;

import junit.framework.Test;
import junit.framework.TestCase;
import junit.framework.TestSuite;

public class MoneyTests extends TestCase {

    public static Test suite() {
        TestSuite suite = new TestSuite(MoneyTests.class.getName());
        //$JUnit-BEGIN$
        suite.addTest(MoneyTest.suite());
        suite.addTest(MoneyTest2.suite());
        //$JUnit-END$
        return suite;
    }

}
```

创建好了以后，我们在这个 TestSuite 中一起运行前面我们写的两个测试用例 MoneyText 和 MoneyText2，并运行，结果如图 1-14 所示。

图 1-14　TestSuite 运行多个测试用例

注：在 JUnit4 中国 MoneyTests 类还可以使用注解形式实现，完整代码如下：

```
示例代码 1-7：MoneyTests 类源代码
package com.xtgj.s2tdd.test;
import org.junit.runner.RunWith;
import org.junit.runners.Suite;
import org.junit.runners.Suite.SuiteClasses;
@RunWith(Suite.class)
@SuiteClasses({MoneyTest.class,MoneyTest2.class})
public class MoneyTests{}
```

或者也可以如代码 1-8 这样实现：

示例代码 1-8：MoneyTests 类源代码

```
import junit.framework.JUnit4TestAdapter;
import junit.framework.Test;
import junit.framework.TestCase;
import junit.framework.TestSuite;
public class MoneyTests {
    public static Test suite() {
        TestSuite suite = new TestSuite("Test for com.xtgj.s2tdd.test");
        suite.addTest(new JUnit4TestAdapter(MoneyTest.class));
        suite.addTest(new JUnit4TestAdapter(MoneyTest2.class));
        return suite;
    }
}
```

上述测试集的测试结果与图 1-14 所示一致。

1.4　练习

参考上机部分源代码创建类 Money、MoneyBag 和接口 IMoney 并做简单的单元测试。

第 2 章　在 MyEclipse 中应用 Ant

本阶段目标

完成阶段练习内容后，你将能够：使用 Ant 进行自动化编程。

2.1　指导

在这里，我们先学习在 MeEclipse 中，利用 Ant 编译，执行 Java 程序，然后，我们再使用 Ant 结合 Junit 进行自动化测试。

2.1.1　创建 Java 项目

创建一个项目，取名为 AntTest。

创建好了以后，我们在这个项目中添加几个类，首先我们创建一个 Ant 类，具体代码如示例代码 2-1 所示：

```
示例代码 2-1：Ant 类

public class Ant {
    String name;
    int distance;
        public Ant(){
          name=" 无名蚂蚁 ";
    }
        public Ant(String name) {
          this.name=name;
    }
    public void move(int newDistance){
        System.out.println(name+" 移动了 "+newDistance+" 米 ");
    }
```

```
        public void eat(){
            System.out.println(name+" 进餐了 ");
        }
    }
```

然后我再创建一个 AntProgram 类，在该类中我们要写一个 main 函数。具体代码如示例代码 2-2 所示：

```
示例代码 2-2: AntProgram 类

public class AntProgram {
    public static void main(String[] args){
        Ant ant1=new Ant();
        Ant ant2=new Ant(" 蚂蚁皮特 ");
        ant1.move(12);
        ant2.eat();
    }

}
```

2.1.2   创建 Ant 构建文件

Ant 构建文件为文本文件，在 MyEclipse 下创建的文件的步骤如下：

（1）单击项目文件夹，在 MyEclipse 菜单中单击"文件"|"新建"命令，出现新建文件夹对话框。

（2）在新建文件夹对话框中输入文件名，文件的扩展名必须为 xml，构建文件的默认名为 buidt.xml，我们在这里取名为 build.xml。

（3）单击"完成"按钮完成创建。

完成之后，项目中将自动生成构建文件，如果构建文件取名是 build.xml，则 MyEclipse 工具将使用 MyEclipse Ant 编辑打开构建文件。

因为 Ant 构建的是简单文本文件，所以可以使用文本编辑器来编辑它。最好使用 MyEclipseAnt 编辑器，因为 MyEclipseAnt 编辑器对于编辑 Ant 构建文件提供了很多辅助功能，如语法着色、内容辅助和大纲视图等。

如果构建文件名为 build.xml，则 MyEclipse 默认使用 Ant 编辑器打开文件，文件窗口左上角会有一个蚂蚁的图标。接着我们在 build.xml 文件中输入如示例代码 2-3 所示的内容。

```
示例代码 2-3：build.xml 文件

<?xml version="1.0" encoding="UTF-8" ?>
<!--
==================================================================

2011-1-6 xiawu 11:11:00
AntTest
description
Administrator


==================================================================

-->
<project name="AntTest" default="run">
    <description>
         description
    </description>


<!--
==================================================================

target:run


==================================================================

-->
<target name="run" depends="compile" description="description">
    <java classpath="." classname="AntProgram">
        </java>
</target>

<!--
==================================================================

target:compile
==================================================================

-->

<target name="compile" depends="clean">
<java srcdir="./src" destdir="." classpath="." debug="on" />
</target>
```

```
<!--
=================================================================
target:clean
=================================================================
   -->

<target name="clean">
    <delete>
        <fileset dir=".">
            <include name="Ant.class"/>
            <include name="AntProgram.class"/>
        </fileset>
    </delete>
</target>

</project>
```

在写好上边的 build.xml 文件后，我们在 Outline 中可以看到整个 build.xml 文件结构，如图 2-1 所示。

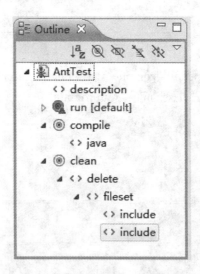

图 2-1　整个 bulid.xml 文件结构

我们可以看到一共有 3 个目标节点，其中 run 节点作为默认节点。

在编写好上面的 build.xml 文件后，我们在 MyEclipse 中选中 build.xml 文件，按鼠标右键，选中"RunAs"，然后在下拉列表中选中"Ant Build…"，可以弹出对话框，如图 2-2 所示。

图 2-2　Ant 构建文件的配置

　　此对话框允许配置 ant 构建文件的运行方式的许多方面,但是现在着重于目标选项卡,它允许选中要运行那些 Ant 目标及其顺序。选中一个目标并将该顺序留作缺省的顺序。配置完成之后,单击"Run"。

　　Ant 构建文件运行,并将输出发送至"控制台"视图,如图 2-3 所示。

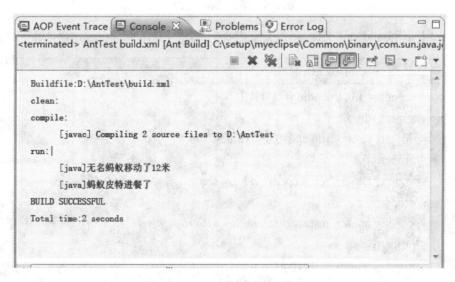

图 2-3　Ant 构建文件结果

上面是使用 Ant 自动编译和执行程序的方法。

2.2　练习

把上一章的 Money 项目复制到新的工程中，我们为改工程创建一个 build.xml 文件，并且我们把程序和测试代码进行分离。如图 2-4 所示。

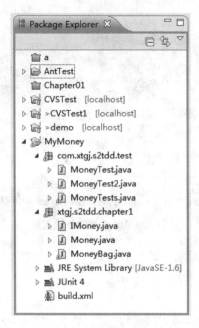

图 2-4　项目结构示意图

然后我们编辑 build.xml 文件，在该文件中我们先编写编译 target。如示例代码 5-12 所示：

```
示例代码 2-4：JUnit 和 Ant 集成
<?xml version="1.0" encoding="UTF-8" ?>
<project name="project"  >
    <property name="run.classpath" value="bin">
    </property>
    <property name="run.srcpath" value="src">
    </property>
    <property name="test.srcpath" value="src">
    </property>
    <property name="test.report" value="report">
    </property>
    <property name="lib.dir" value="lib">
```

```xml
        <path id="compile.path">
        <fileset dir="${lib.dir}">
        <include name="**/*.jar"/>
        </fileset>
        </path>
        <!--Compilation Classpath<path id="compile.classpath"><fileset dir="${telecom_
LDBS.lib}">
            <include name="**/*.jar"/></fileset></path>-->
            <!-- - - - - - - - - - - - - - - - - - -
            target: compile
            - - - - - - - - - - - - - - - - - - ->
<target name="compile">
<javac destdir="${run.classpath}" srcdir="${run.srcpath}" classpathref="compile.path"/>
        <javac destdir="${run.classpath}" srcdir="${test.srcpath}"
classpathref="compile.path"/>
</target>+
        <!-- ================================
            target: junit
            ================================ -->
<target name="junit" depends="compile" >
        <tstamp></tstamp>
        <mkdir dir="${test.report}"/>
        <mkdir dir="${test.report}/framework-$DSTAMP-$TSTAMP"/>
    <junit printsummary="true">
            <classpath>
                <pathelement path="${run.classpath}"/>
                <fileset dir="${lib.dir}">
                    <include name="**/*.jar"/>
                </fileset>
            </classpath>
    <!--
            <test name="ldbs1Ads1SectionBaseinfoModelServiceTest"></test>
            -->
            <formatter type="plain"/>
    <!-- 设置要测试的文件集合 -->
            <batchtest fork="yes" todir="${test.report}/framework-${ADSTAMP}-${T-
STAMP}">
```

```
                    <fileset dir="${test.srcpath}">
                <include name="**/*Test.java"/>
            </fileset>
        </batchtest>
    </junit>
</target>
        </property>
</project>
```

在上述文件中我们添加了一个特殊的 tager 标签,在这个标签中,我们添加了〈junit〉标签,该标签中,我们设置运行单元测试的内容。构建结果如图 2-5 所示。

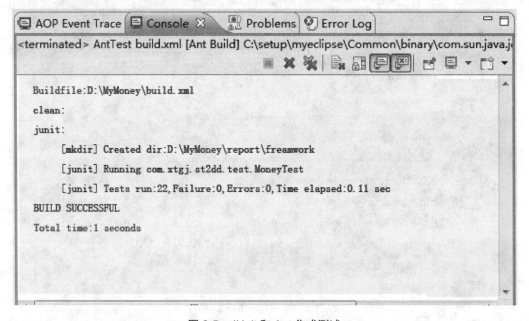

图 2-5　JUnit 和 Ant 集成测试

2.3　实践

修改 AntTest 项目,为 Ant 类添加一个 moveAll 方法,用来计算该蚂蚁一共移动了多少距离。然后 AntTest 项目添加一个单元测试类,来测试 Ant 类的 moveAll 方法。为该项目添加一个 build.xml,目标文编译、执行、测试和生成 class 文件。

第3章 在 MyEclipse 中应用 CVS

本阶段目标

完成阶段练习内容后，你将能够：进行版本控制。

3.1 指导

1. 配置 CVSNT 服务器

（1）在 CVSNT 的安装过程非常简单，只是在选择安装类型的时候，最好选择 FullInsral-lantion（完全安装），因为这种安装方式会安装 CVSNT 的服务器和客户端软件。安装完成之后，按照要求重启计算机。

（2）单击"开始"|"所有程序"|"CVSNT"|"Service Control Panel"命令。将弹出 CVSNT 控制面板，如图 3-1 所示。

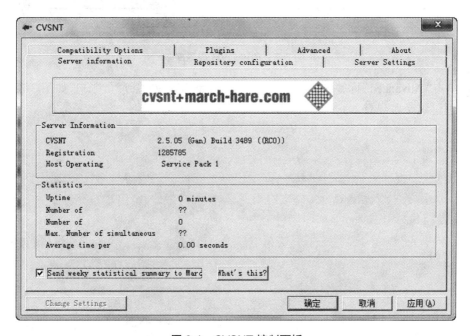

图 3-1　CVSNT 控制面板

2. 创建 CVS 资源库

在创建 CVS 资源库时,需要为资源库创建一个文件夹,用来存放 CVS 资源。具体创建 CVS 资源的步骤如下:

(1)单击"开始"|"所有程序"|"CVSNT"|"Service Control Panel"命令,出现 CVSNT 控制面板。

(2)单击"Compatibility"标签,然后选中"Respond as cvs 11.11.2 to version r"复选框,如图 3-2 所示。如果不选中这个复选框,则在 MyEclipse 连接 CVS 服务器时可能出现"配置 CVSNT 资源库使用资源前缀"错误。最后单击"确定"按钮。

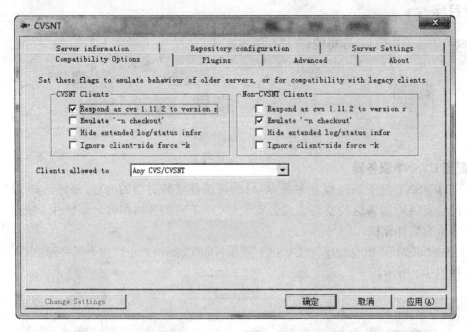

图 3-2　创建 CVS 资源库

(3)单击"Advanced"标签,在"Run as"列表框中设定 CVS 管理员账户,如图 3-3 所示,客户端可以通过这个账户登入 CVS 资源库。

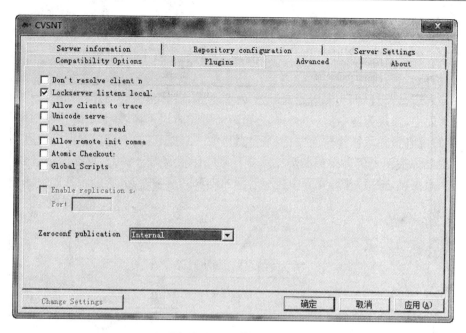

图 3-3　CVS 管理员账户

（4）单击"Repository"标签，这里可以配置 CVS 资源库，如图 3-4 所示，单击 Add 按钮，出现 Edit Repository 对话框。在"Location"文本框中选择本地资源库所作目录；在"Name"文本框中输入存储路径，例如"\cvsdemo"。填写完以后，单击"OK"按钮。

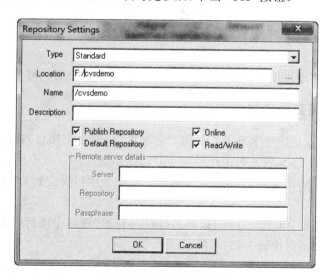

图 3-4　配合 CVS 资源库

（5）若配置成功可以看到如图 3-5 所示的窗口。

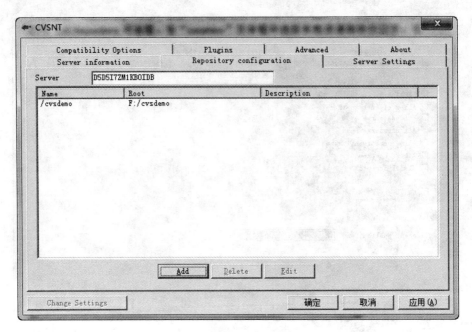

图 3-5　配置 CVS 资源库预览

（6）单击"确定"按钮，完成配置。

3.2　练习

在 MyEclipse 中，通过使用 VCS 管理，为团队开发提供了良好的环境。

3.2.1　向资源库提交新项目

团队开发时，一般是由一个开发人员将一个项目（可能是空项目）提交到 CVS 服务器，然后各个团队成员再从 CVS 服务器上拷贝项目资源副本到空间。每个团队开发人员完成自己的工作之后再把更新的部分提交给 CVS 服务器。将一个项目提交到 CVS 服务器的具体步骤如下：

（1）在 MyEClipse 中创建一个项目，命名为 CVSTest。在这个项目中新建一个 Ant 类和一个 AntProgram 类，如示例代码 3-1、3-2 所示：

示例代码 3-1：Ant 类

```java
package com.xtgj.s2tdd.chapter4;
public class Ant {
    String name;
    int distance;
        public Ant(){
        name=" 无名蚂蚁 ";
    }
        public Ant(String name) {
        this.name=name;
    }
    public void move(int newDistance){
        System.out.println(name+" 移动了 "+newDistance+" 米 ");
    }
    public void eat(){
        System.out.println(name+" 进餐了 ");
    }
}
```

示例代码 3-2：AntProgram 类

```java
package com.xtgj.s2tdd.chapter4;
public class AntProgram {
    public static void main(String[] args){
        Ant ant1=new Ant();
        Ant ant2=new Ant(" 蚂蚁皮特 ");
        ant1.move(12);
        ant2.eat();
        }
}
```

（2）在包资源管理器中右击项目名，在弹出的菜单中单击"Team""Share Project"命令，出现共享项目对话框，如图 3-6 所示。

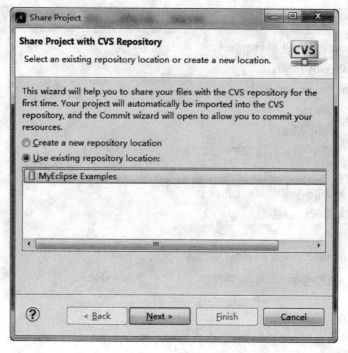

图 3-6　共享项目对话框

（3）在"共享项目"对话框中有两个单选按钮，第一个是创建新存储位置，第二个是使用现有的存储位置，前者一般是在第一次连接到 CVS 服务器时使用。一旦连接成功之后，MyE-clipse 会保留这个 CVS 服务器的信息，在下一次使用时可用直接从下面的窗口中选择。后者就是选择已有的 CVS 服务器。如果我们是第一次连接到 CVS 服务器，我们可以选中"Create a new repository location"选项。按"Next"按钮。

（4）在单击创建新的存储位置选项，然后单击"Next"按钮，出现一个 CVS 信息对话框，如图 3-7 所示。在主机文本框中输入主机 IP 地址（图上显示的是远程主机 IP，如果是本机服务器则也可以填入 localhost）。在存储库路径文本框中填写 CVSNT 服务器上设置的资源库名。在用户名和密码文本框输入操作系统的用户名和密码。

（5）单击"Next"按钮，出现输入模块对话框，如图 3-8 所示。

图 3-7　新建存储位置

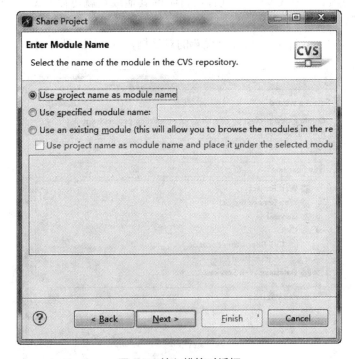

图 3-8　输入模块对话框

（6）当我们在上市操作中选中"Use project name as module name"，可以看到如图 3-9 所示的内容，按"Finish"我们就完成了向 CVS 提交新项目的工作。

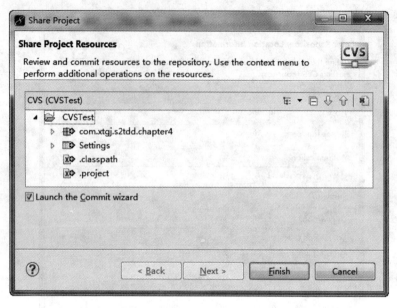

图 3-9　完成向 CVS 提交新项目

3.2.2　从 CVS 服务器检出项目

当我们把新的项目放在 CVS 上之后，项目组的其他成员就可以从 CVS 上把这个项目下载到本地。其具体步骤如下：

（1）单击"File"|"New"|"Others"，出现新的对话框，如图 3-10 所示。

图 3-10　下载项目到本地

（2）单击"CVS"|"从 CVS 检出项目"命令,然后单击下一步按钮,出现从 CVS 存储检出项目对话框,如图 3-11 所示。如果在 MyEclipse 中没有配置过 CVS,那么我们还要重新配置 CVS 的 Host 和 Repository Path。

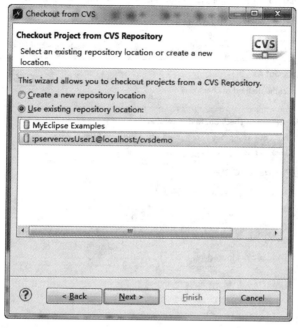

图 3-11　从 CVS 存储库检出项目

（3）可以选择从已有的存储位置检出项目,也可以选择从新的存储位置检出项目,如果第一个使用 CVS 检出功能则选择后者,这里选择从已有位置检出项目,单击下一步按钮,弹出选择模块对话框,如图 3-12 所示。

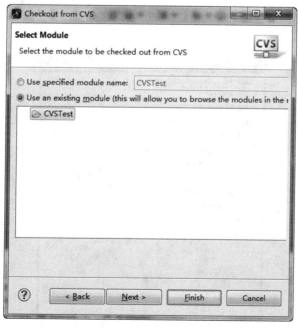

图 3-12　从已有位置检出项目

（4）如果是使用指定的模块名称，则需在后面的栏中填上模块名。这个模块名必须是在 CVS 服务器上有的。如果填上的是服务器上没有的项目名，则会提示错误。

（5）在图 3-12 中我们选择一个在上面提交给 CVS 服务器的 CVSTest 项目，然后按 "Next"，可以出现如下图 3-13 所示的对话框。

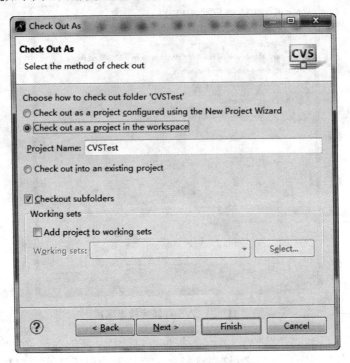

图 3-13　设置检出方式

（6）当我们按"Finish"以后，就可以在包资源管理器中发现了一个新的工程，如图 3-14 所示。

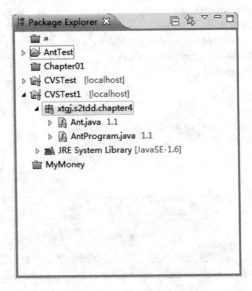

图 3-14　检出的新项目

3.3　实践

在团队开发中,每个开发人员在完成自己的代码后,需要把自己所写的代码及时提交到 CVS 服务器上,以便别人能够及时拿到最新的版本,具体操作如下:

如果有文件或目录被修改,则该文件或目录的右边会显示一个指向右方实心箭头。右击需要提交的目录或文件,在弹出的菜单中单击"Tem"|"Commit 命令",弹出提交文件对话框。如图 3-15 所示。

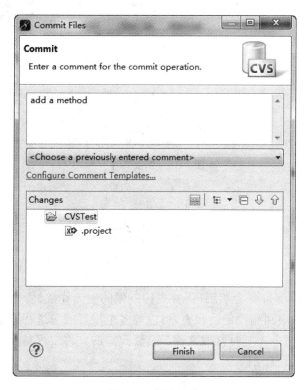

图 3-15　提交文件

在提交文件对话框中填入提交的注释,然后单击完成按钮。等提交结果。如果一个文件提交成功的话,则在资源管理器中每个文件右边的指向右方实心箭头图标会消失。

假设现在不小心把刚才提交的内容删除了,可以通过更新操作来恢复这个文件,具体步骤如下:

(1)右击需要更新的文件,在弹出的菜单中单击"Team"|"Synchronize with Repository"命令,出现资源比较窗口。

(2)可以看到,视图中有 3 个窗口。右下角的窗口中是 CVS 资源库中有的代码。在窗口中选中需要恢复的版本,把鼠标移动到图标上(图中用圆形圈中的图标),会提示"将当前更改从右边复制到左边",单击该图标,然后再单击保存按钮,就可以得到以前的某个版本。如

图 3-16 所示。

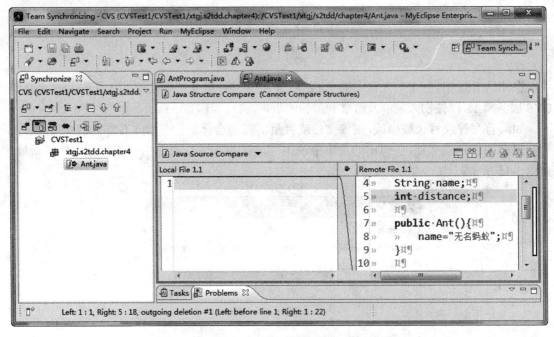

图 3-16 恢复文件

3.4 小结

CVS 的优点是可以保持变更明细,将并发控制做的更为完美,管理起来比较轻松。当项目工程发生问题时可以滚回到稳定的状态,可以与多个项目成员进行团队开发。但需要解决冲突,同一时间不能由两个人同时修改文件。且修改前的文件要保持是 CVS 上最新的版本,这样才不至于因为冲突而无法修改。

3.5 作业

配置 CVS,并在 MyEclipse 中应用 CVS。

第4章 在MyEclipse中应用SVN插件

本阶段目标

完成阶段练习内容后,你将能够:在MyEclipse中安装SVN插件。

4.1 在线安装

4.1.1 在线安装

MyEclipse安装SVN插件方法之一,在线安装的步骤如下:

(1)在线安装,打开MyEclipse,help → MyEclipse Configuration Center,如图4-1所示。

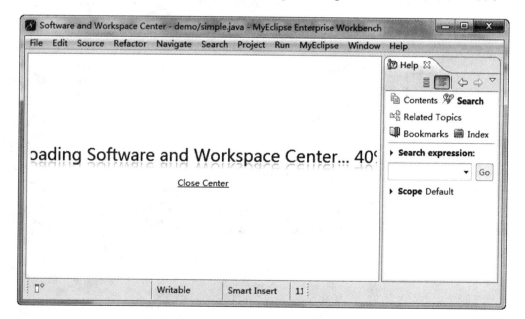

图4-1 在线安装SVN插件

(2)点击"Add Site"打开对话框,在对话框Name输入,URL中输入"http://subclipse.tigris.org/update_1.5.x",点击"OK",如图4-2所示。

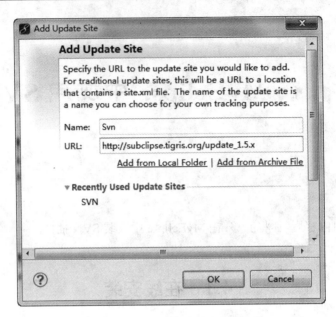

图 4-2　输入插件名称和 URL

（3）安装之后 在左侧栏找到 Personal Site → svn, 展开，右键点击 Core SVNKit Library 和 Optional JNALibrary 选项 Add to Profile（图 4-3），可观察右下角的进度条观察是否在线下载。

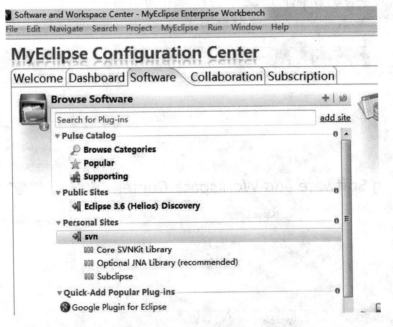

图 4-3　选择 Add to Profile

（4）执行完这些，查看右下角 Pennding Changes 中的 Apply 按钮，点击此按钮，重启 MyEclipse 即可。

4.1.2　无法连接网络的情况

MyEclipse 安装 SVN 插件方法二,无法连接网络的情况

（1）下载 SVN 插件

参考地址 :http://subclipse.tigris.org/servlets/ProjectDocumentList?folderID=2240

（2）找到 MyEclipse10 在安装目录下的 dropins 文件夹,如图 4-4 所示。

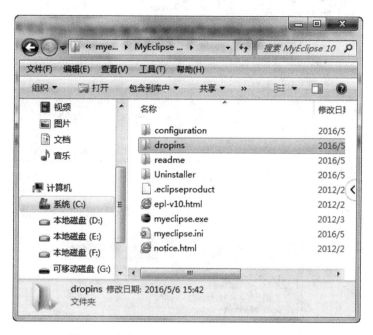

图 4-4　找到 MyEclipse 安装目录下的 dropins

（3）打开 dropins 文件夹,新建一个 svn 文件夹,将解压后的软件包里的 features 和 plugins 文件夹拷贝到 dropins 文件夹下的 SVN 文件夹中。

（4）这样就可以在 MyEclipse10 中安装好 SVN 插件了。

4.2　SVN 插件在 MyEclipse 中的基本操作

4.2.1　SVN 在 MyEclipse 中的应用

（1）点击菜单上的"Window"→"Show View"→"Other...",如图 4-5 所示。

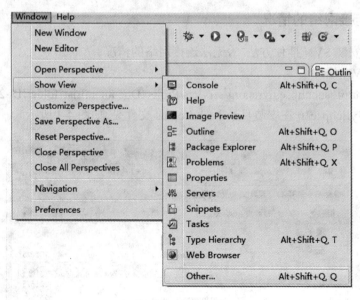

图 4-5　视图列表

（2）在弹出的"Show View"对话框中就可以看到已经安装好的 SVN 插件，如图 4-6 所示。

图 4-6　SVN 插件显示

（3）选中 SVN 资源库，点击"OK"就可看到如图 4-7 所示 SVN 资源库。

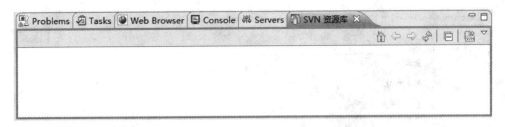

图 4-7　SVN 资源库

（4）打开"SVN Repository Exploring"视图。在左边空白区域，单击右键选择"New"→"Repository Location"，如图 4-8 所示。

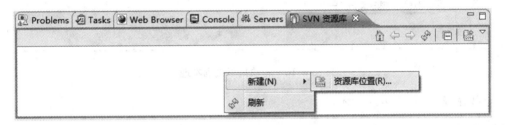

图 4-8　新建资源库位置

（5）在 URL 一栏中输入"svn://"以及 IP 地址（这里我们选择本地 IP），点击 Finish 按钮。注意：保证此时 SVN 服务器已经启动，如图 4-9 所示。

图 4-9　新建资源库

（6）选择要下载的项目右键选择检出就把项目下载到本地了，这里我们使用的项目是理论部分的 Chapter04，它里面包含一个 readme.txt。且已经被作为 Repository 资源存储在服务器上了，我们直接下载即可，如图 4-10 所示。

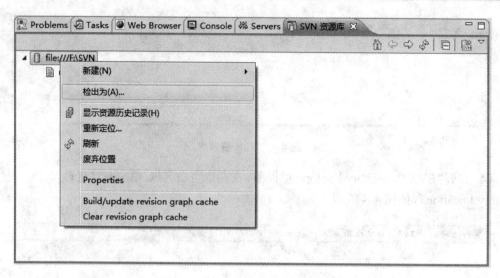

图 4-10　将项目下载到本地

下载完成后，如图 4-11 所示。

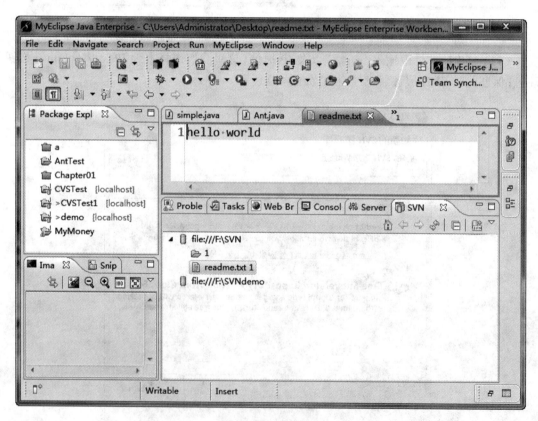

图 4-11　下载完成

4.2.2　基本操作

我们来看一下 MyEclipse 安装 SVN 插件完成以后的一些基本操作。

1. 提交工程

右击想要提交的工程选择"Team"→"ShareProject"→"SVN"→"Next",选择"svn://local-host(如果没有,则创建一个新的资源库)"→"Next"→"Finish",如图 4-12 和图 4-13 所示。

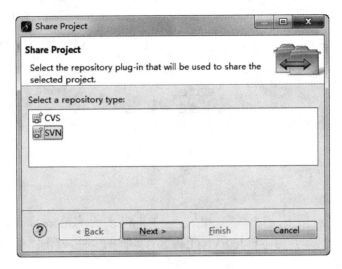

图 4-12　选择"SVN"类型

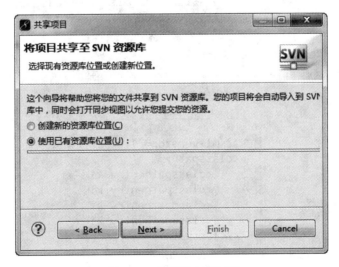

图 4-13　使用现有的资源

2. 下载工程

在 SVN 资源库透视视图下,点开 file:///F:\SVN,会显示出现在本机 SVN 上的所有工程,右击想下载的工程"Checkout"→"Next"→"Finish",如图 4-14 所示。

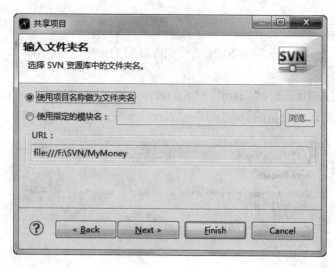

图 4-14　下载工程

3. 操作工程

（1）同步

在 MyEclipse 透视图下，右击要同步的工程"Team"→"Synchronize with Repository"，这时会进入同步透视图，会显示出本机与 SVN 上内容有不同的文件，双击文件名，会显示出两个文件中哪里不同，如图 4-15 所示。

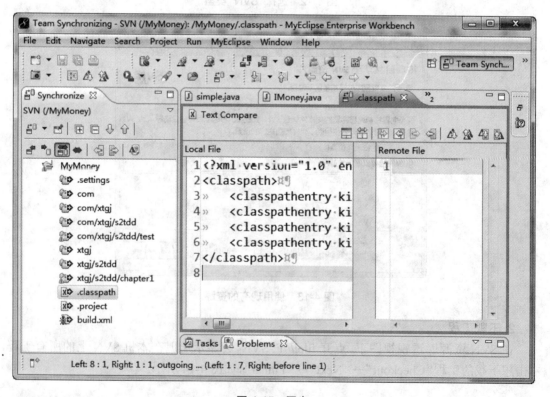

图 4-15　同步

（2）提交

在同步透视图下有"灰色向左的箭头，表示你本机修改过"，右击该文件，可以选择提交操作。

（3）覆盖 / 更新

在同步透视图下有"蓝色向左的箭头，表示你本机修改过"，右击该文件，可以选择覆盖 / 更新操作。

4.3　小结

SVN 与 CVS 一样，是一个跨平台的软件，支持大多数常见的操作系统。作为一个开源的版本控制系统，Subversion 管理着随时间改变的数据。本指导重点介绍了 MyEclipse 安装 SVN 插件的两种方法。

4.4　作业

配置 SVN，并在 MyEclipse 中应用 SVN。